U0257989

"十二五"职业教育国家规划教材

经全国职业教育教材审定委员会审定

数控车削加工技术与技能（广数系统）

主　编　刘端品

参　编　黎毅聪

主　审　吴必尊

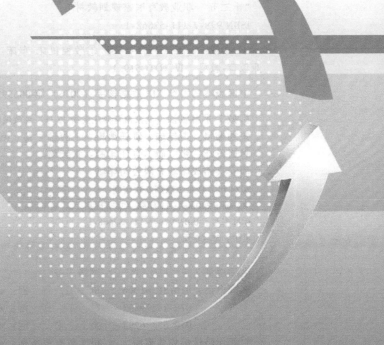

机械工业出版社

CHINA MACHINE PRESS

本书是经全国职业教育教材审定委员会审定的"十二五"职业教育国家规划教材,是根据教育部新颁布的中等职业学校相关专业教学标准,同时参考数控车床操作工(中级)职业资格标准编写的。全书的内容以项目课程的结构形式展开,强调理论与实践的结合与统一,着重培养学生的数控加工职业能力。

全书共设有绪论和9个项目,项目一至项目八介绍手工编程,包括心轴、锥度阀芯、圆弧曲面轴、轴套筒、螺纹柱塞、带轮、综合结构轴、椭圆轴的加工;项目九介绍自动编程。每个项目均按照学习目标、项目描述、知识链接、任务实施、经验总结、思考与练习和拓展训练的结构层次来展开。全书选定广泛使用、性能可靠的广州数控 GSK980TA2 系统作为教学平台,选定简单易学的 CAXA 数控车软件作为自动编程的教学软件。

本书可作为中等职业学校机械制造技术及相关专业教材,也可作为数控车床操作工岗位培训教材。

为便于教学,本书配有电子教学资源,选择本书作为教材的教师可来电(010-88379197),或登录 www.cmpedu.com 网站,注册、免费下载。

图书在版编目(CIP)数据

数控车削加工技术与技能/刘端品主编. —北京:机械工业出版社,2015.12(2024.8 重印)

"十二五"职业教育国家规划教材

ISBN 978-7-111-52668-1

Ⅰ.①数… Ⅱ.①刘… Ⅲ.①数控机床-车床-车削-加工工艺-高等职业教育-教材 Ⅳ.①TG519.1

中国版本图书馆 CIP 数据核字(2016)第 006592 号

机械工业出版社(北京市百万庄大街 22 号 邮政编码 100037)
策划编辑:王佳玮 责任编辑:王莉娜 黎 艳 责任校对:丁丽丽
封面设计:张 静 责任印制:常天培
固安县铭成印刷有限公司印刷
2024 年 8 月第 1 版第 6 次印刷
184mm×260mm·11 印张·267 千字
标准书号:ISBN 978-7-111-52668-1
定价:35.00 元

电话服务		网络服务		
客服电话:010-88361066		机 工 官 网:www.cmpbook.com		
010-88379833		机 工 官 博:weibo.com/cmp1952		
010-68326294		金 书 网:www.golden-book.com		
封底无防伪标均为盗版		机工教育服务网:www.cmpedu.com		

前 言

本书是按照教育部《关于中等职业教育专业技能课教材选题立项的函》，经过机械工业出版社初评、申报，由教育部专家组评审确定的"十二五"中等职业教育国家规划教材，是根据教育部新颁布的中等职业学校相关专业教学标准，同时参考数控车床操作工（中级）职业资格标准编写而成的。

本书分为两部分：第一部分为绪论，让学生了解、掌握数控车床基础理论知识；第二部分为典型零件加工学习项目，让学生掌握数控车床加工不同类型零件的编程和机床操作方法。通过本书的学习，学生技能可达到中级以上水平。本书以典型数控车床加工零件项目为指引，由浅入深，介绍数控车床编程和机床操作的方法，选用的每个零件都能代表数控车床加工的特点（直轴、圆锥、圆弧曲面、螺纹、特殊曲面等）。本书内容实践性强，打破传统的系统理论讲解框架，将理论知识"碎片化"，使其逐渐渗透到每个项目中。

本书学时与教学建议：

1）项目内容和学时分配建议见下表。

序号	项目名称	学时	序号	项目名称	学时
1	绪论　数控车床加工基础	6	7	项目六　带轮的加工	16
2	项目一　心轴的加工	16	8	项目七　综合结构轴的加工	16
3	项目二　锥度阀芯的加工	16	9	项目八　椭圆轴的加工	16
4	项目三　圆弧曲面轴的加工	16	10	项目九　数控车床自动编程加工	16
5	项目四　轴套筒的加工	16		合　　计	150
6	项目五　螺纹柱塞的加工	16			

2）学习本课程前，学生应基本掌握计算机操作知识和钳工、普通车削、普通铣削等金属加工技术的技能。本课程宜安排在二年级进行。教学过程中，师生还应参考机床编程和操作说明书、车工工艺学、金属切削手册、CAXA 数控车软件使用说明书等书籍。

3）每个学习项目中设有"学习目标"，教师应在教学过程中注重贯彻和体现学习目标，它是评价教学质量的标准。教师可在计算机仿真室集中所有小组共同学习和讨论项目中的"知识链接"，而"任务实施"可以小组形式分别进行。每个项目完成后，各小组应当提交工件，每位学生需提交"项目实习报告"，以此检查和记录学生学习过程，这也是评价学生操作技能的重要手段。

4）教学场地主要有计算机仿真室和数控车间，分小组（4~6人）教学，1人1台计算机，每组1台机床；教学流程：安全教育→项目描述→集中学习知识链接→分组进行项目计划（教师检查通过）→任务实施（教师监督进行）→工件检验（小组）→机床清洁保养→学生提交项目实习报告和教师评议。

5）为每台数控机床设备建立日常使用保养维修记录表，交接班时，由学生或教师填写。

本书由吴必尊指导并任主审，刘端品任主编，黎毅聪参加编写。在本书编写过程中，参阅国内外同行有关资料、文献和教材，摘录了数控车中级工考证试题，并得到广州数控有关专业技术人员的帮助，在此表示感谢。本书经全国职业教育教材审定委员会审定，评审专家对本书提出了宝贵的建议，在此对他们表示衷心的感谢！

由于编者水平有限，书中难免存在不妥之处，恳请专家同行批评指正。

编 者

目　录

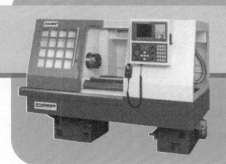

绪　论

数控车床加工基础

一、数控加工概述

1. 数控加工

数控加工（Numerical Control Machining），是指在数控机床上进行零件加工的一种工艺方法，用数字信息控制零件和刀具位移的机械加工方法。它是解决零件品种多变、批量小、形状复杂、精度高等问题和实现高效化、自动化加工的有效途径。数控机床加工与传统机床加工的工艺规程从总体上说是一致的，但也发生了明显的变化。

2. 数控加工的特点

数控加工的主要特点有工序集中、产品质量高且稳定、减轻劳动强度、零件适应性强等。

（1）工序集中　数控机床一般带有可以自动换刀的刀架和刀库，换刀过程由程序控制自动进行，工序比较集中。

（2）产品质量高且稳定　数控机床上加工出来的零件比在传统机床上加工的零件精度要高，要省时间。数控机床的加工自动化，免除了工人操作普通机床时的疲劳、粗心、估计等人为误差，提高了产品的一致性。

（3）减轻劳动强度　数控机床的操作简单易学，缩短了机床操作工人培训时间，加工过程中工人除进行装夹工件、对刀等机床操作外，其余的大部分时间可在加工过程之外，非常省力。

（4）零件适应性强　只要改变程序，就可以在数控机床上加工新的零件，且自动化操作性强，柔性好，效率高，数控机床特别适合于不许报废的零件、新产品的研制和急需件的加工等场合，因此数控机床能很好地适应市场竞争。

3. 数控机床分类

数控机床是在普通机床的基础上发展起来的，各种类型的数控机床基本上源于同类型的普通机床。如常用的数控车床、数控铣床、加工中心、数控钻床、数控磨床、数控镗铣床、数控电火花加工机床、数控线切割机床、数控齿轮加工机床、数控冲床、数控液压机等各种用途的数控机床。

4. 数控加工专业术语

下面介绍数控加工常用专业术语。

（1）NC　数控，即数字控制（Numerical Control）。

（2）CNC　计算机数控（Computer Numerical Control）。

（3）DNC　CNC 和 PC 数据通信，即在线加工方式。

（4）CAD/CAM/CAE/CAPP

1）计算机辅助设计（Computer Aided Design，CAD）。

2）计算机辅助制造（Computer Aided Manufacturing，CAM）。

3）计算机辅助工程（Computer Aided Engineering，CAE）。

4）计算机辅助工艺过程设计（Computer Aided Process Planning，CAPP）。

（5）MC/ FMC/ FMS

1）制造单元即加工中心（Manufacturing Cell，MC）。

2）柔性制造单元（Flexible Manufacturing Cell，FMC）由加工中心和工业机器人组成。

3）柔性制造系统（Flexible Manufacturing System，FMS）由统一的信息控制系统、物料储运系统和一组数字控制加工设备组成，能适应加工对象变换的自动化机械制造系统。

（6）CIMS　计算机集成制造系统（Computer Integrated Manufacturing Systems，CIMS）。CIMS 是通过计算机硬、软件，并综合运用现代管理技术、制造技术、信息技术、自动化技术、系统工程技术，将企业生产全部过程中有关的人、技术、经营管理三要素及其信息与物流有机集成并优化运行的复杂的大系统。

二、数控车床

1. 数控车床种类

数控车床品种繁多，规格不一，下面介绍几种常用的数控车床。

（1）按车床主轴位置分类

1）卧式数控车床。卧式数控车床的机床主轴（Z 轴）水平放置，它又分为水平导轨和倾斜导轨的卧式数控车床。卧式数控车床如图 0-1 所示。

2）立式数控车床。立式数控车床的车床主轴竖直放置，有一个直径很大的圆形工作台，用来装夹工件。这类机床主要用于加工径向尺寸较大、轴向尺寸相对较小的大型复杂零件，如图 0-2 所示。

图 0-1　卧式数控车床

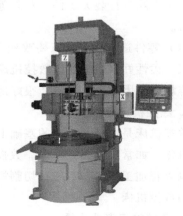

图 0-2　立式数控车床

（2）按刀架数量分类

1）单刀架数控车床。数控车床一般都配置各种形式的单刀架，如四工位卧式转位刀架或多工位转塔式自动转位刀架。单刀架数控车床如图 0-3 所示。

2）双刀架数控车床。双刀架数控车床的数控系统有两个通道，每个刀架能在各自的通道里独立工作，相当于两个机床共用同一个操作面板一样。双刀架配置通常为平行分布，也可以是相互垂直分布。双刀架数控车床如图 0-4 所示。

图 0-3　转塔式自动转位刀架

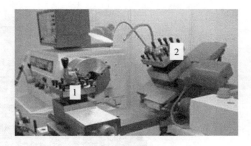

图 0-4　双刀架数控车床

（3）按功能分类

1）经济普及型数控车床。经济普及型数控车床是指在普通数控车床的基础上，在结构上进行专门设计，并配备通用数控系统而形成的数控车床。此类机床的数控系统功能较强，自动化程度和加工精度也比较高，适用于回转类零件的车削加工。这种数控车床可同时控制两个坐标轴，即 X 轴和 Z 轴。普通数控车床如图 0-5 所示。

2）车削加工中心。车削加工中心是在普通数控车床的基础上，增加了 C 轴和铣削动力头，或甚至带有刀库，此类机床可控制 X、Z 和 C 三个坐标轴，联动控制轴可以是 X、Z，X、C 或 Z、C。这种数控车床的加工功能大大增强，除进行一般车削加工外，还可以进行径向和轴向铣削、曲面铣削、中心线不在零件回转中心的孔和径向孔的钻削等加工，如图 0-6 所示。

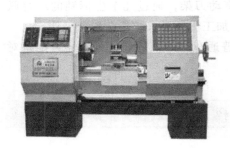

图 0-5　普通数控车床

图 0-6　车削加工中心外观图

数控车床还可以分为很多种类，如按特殊或专门工艺性能可分为螺纹数控车床、活塞数控车床、曲轴数控车床等多种。

2. 数控车床的结构

数控车床的结构主要由车床主体、数控系统（CNC）、伺服驱动系统和辅助装置四大部分组成。如图 0-7 所示。

1）车床主体，即数控车床机械部分，主要包括床身、主轴、刀架、尾座、进给传动机构等。车床主体通过专门设计，各个部位的性能都比普通车床优越，如结构性好，能适应高速和强力车削要求；精度高，可靠性好，能适应精密加工和长时间连续工作等。

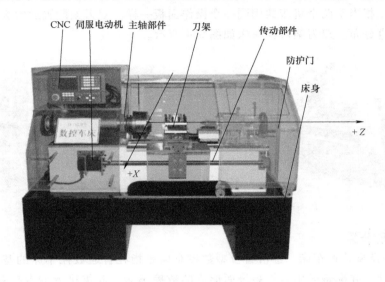

图 0-7　数控车床结构

2）数控系统（CNC），即数控车床的控制核心，相当于大脑部分，包括 CPU、存储器、显示屏幕。由于逐步使用通用计算机，数控系统日趋以软件为主，又用 PLC 代替了传统的机床电器逻辑控制装置，使系统更小巧，其灵活性、通用性、可靠性更好，易于实现复杂的数控功能，并具有与网络连接及进行远程通信的功能。

3）伺服驱动系统，即数控车床切削工作的动力部分，它接收来自 CNC 装置（插补装置或插补软件）的进给指令脉冲，经过一定的信号变换及电压、功率放大，再驱动各加工坐标轴按指令脉冲运动，这些轴有的带动工作台，有的带动刀架，通过几个坐标轴的综合联动，使刀具相对于工件产生各种复杂的机械运动，从而加工出所要求的复杂形状工件。

4）辅助装置。数控车床的辅助装置较多，除具有普通车床的辅助装置外，还可配备对刀仪、自动排屑装置等。

想一想

普通车床与数控车床的结构和加工特点有什么区别？

3. 数控车床加工范围

数控车削是数控加工中用得最多的加工方法之一，由于数控车床具有加工精度高、能加工直线、圆弧和曲线轮廓及在加工过程中能自动变速等特点，因此，其工艺范围较普通车床宽得多。通过数控加工程序的运行，可自动完成内外圆柱面、圆锥面、成形表面、螺纹和端面等工序的切削加工，并能进行车槽、钻孔、扩孔、铰孔等工作。车削中心可在一次装夹中完成更多的加工工序，提高加工精度和生产率，特别适合于具有复杂形状的回转类零件的加工。

4. 数控车床用刀具

在数控车床加工中，产品质量和劳动生产率在相当大程度上受到刀具的制约。数控车削加工用刀具很多，除钻头、铰刀等定值刀具外，主要是车刀，它一般可分为三类，即尖形车刀、圆弧车刀和成形车刀。

为了适应数控机床自动化加工的需要，减小刀具的更换及对刀次数，数控车床上用得比较多的一种车刀是机夹可转位硬质合金刀片（不重磨）车刀。该车刀的刀片为多边形，有多条切削刃，当某条切削刃磨损钝化后，只需松开紧固元件，将刀片转一个位置便可继续使用。目前车刀刀杆和刀片已标准化，车刀几何角度完全由刀片保证，其切削性能稳定，加工质量好，如图 0-8、图 0-9 所示。

图 0-8　机夹车刀刀杆

图 0-9　机夹车刀刀片

5. 数控车床安全操作规程

数控车床是机电一体化的高新技术设备，价格昂贵，必须严格按表 0-1 所示安全操作规程来操作。

表 0-1　安全操作规程

序号	安全操作规程
1	上课前必须按标准穿好工作服,女生还应戴安全帽,上机床操作时必须戴好防护眼镜
2	机床通电前,检查电压、气压、油压是否正常,各种开关、按钮和按键是否灵活,并对手动润滑部位进行润滑
3	第一次开机后,必须先将各坐标轴(X、Z 轴)回零(机械原点)。如某轴在回零前已接近极限位置,必须先将该轴手动移动一段距离后,再进行手动回零
4	机床空运行 5min,达到热平衡状态后再进行零件加工
5	自动运行程序前,应进行程序的空运行以检查程序的正确性
6	操作时必须注意力集中,机床主轴转动或运行程序时必须关好安全门,不得随意打开安全门,更不允许在车床周围说笑、打闹
7	加工过程中不得完全离开岗位,要随时注意机床显示状态,对异常情况应及时处理
8	工作完毕后,必须清除机床及其周围的铁屑和切削液,用棉纱布将机床擦干净后加上机油,并将各轴停在中间位置,关闭电源
9	刀、量具摆放整齐,保持工作位置的清洁卫生

 做一做

请你抄写并熟记规程！

6. 数控机床保养内容与要求

做好数控机床的保养工作是维持机床精度和延长其使用寿命的重要保证，数控机床基本保养包括以下内容。

1）做好日常检查，保持油液清洁，润滑良好。

2）禁止在机床上敲击夹紧工件。

3）运转中要经常注意各部位定位情况，如有异常，应立即停机处理。

4）数控系统长期闲置，要定期给系统通电，特别是在环境湿度较大的雨季，在机床锁住不动的情况下让系统空运行，每次运行 1h 左右，利用电器元件本身的发热来驱散潮气。

数控机床实行三级保养制度，即日常三级保养，每个月进行一次二级保养，每个季度（学期末）进行一次一级保养，一级保养标准见表 0-2。其中三、二级保养在一级保养的基础上标准要求可相应降低。

表 0-2　数控车床一级保养标准

序号	清洁保养部位	保养内容及要求
1	外保养	1、清洗机床外表、各罩盖内外区域,保证无黄袍、无死角 2. 清洗丝杠、光杠、操纵杆等外露精密表面,保证无毛刺、无锈蚀 3. 清洁操作面板上的灰尘、手印、油污等 4. 清洁铁屑槽,保证无铁屑、油污等
2	传　动	1. 检查主轴固定有无松动、定位是否调整适当 2. 清洁主轴箱内的污渍和集尘,检查皮带,必要时调整松紧程度 3. 检查、清洗导轨面、修光毛刺,导轨毡垫要保持清洁、接触良好 4. 检查并清洁伺服电动机表面
3	刀架	清洁刀架,保证无铁屑、油污 清洁换刀电动机表面,检查接头是否接触良好
4	尾　座	1. 移动尾座清理其底面、导轨 2. 调整顶尖同心度 3. 拿下顶尖清理锥孔
5	润　滑	1. 油质油量符合要求 2. 检查油路是否畅通 3. 检查润滑装置各零部件是否齐全,保证清洁好用 4. 清洗过滤器
6	冷　却	1. 清洗过滤网 2. 保证切削液箱内无沉淀、无杂物 3. 管道畅通、整齐,固定牢靠
7	附件	清洁、整齐、防锈
8	电　器	1. 清扫、检查电器柜箱中冷却风扇是否工作正常,风道过滤网有无堵塞,清洗粘附的尘土 2. 电器装置固定整齐,动作可靠,触点良好
9	控制部分	1. 检查数控装置面板的各个开关按钮是否完好,系统是否正常 2. 检查机床各运动、控制功能是否正常
10	整体	做到"漆见本色铁见光"的要求

7. 现代企业"6S"管理

"6S"管理理念源于日本，它是现代工厂行之有效的现场管理理念和方法，"6S"即整理（SEIRI）、整顿（SEITON）、清扫（SEISO）、清洁（SEIKETSU）、素养（SHITSUKE）、安全（SECURITY）。因其日语的罗马拼音均以"S"开头，因此简称为"6S"。

（1）整理（SEIRI）　将工作场所的任何物品区分为有必要和没有必要的物品，除了有必要的物品留下来，其他的物品都消除掉。目的是：腾出空间，空间活用，防止误用，营造清爽的工作场所。

（2）整顿（SEITON）　把留下来的必要用的物品依规定位置摆放，并放置整齐加以标示。目的是：工作场所一目了然，减少寻找物品的时间，营造整齐的工作环境，消除过多的积压物品。

（3）清扫（SEISO）　将工作场所内看得见与看不见的地方清扫干净，保持工作场所干净、整洁。目的是：稳定品质，减少工业伤害。

（4）清洁（SEIKETSU）　维持上面3S成果。

（5）素养（SHITSUKE）　每位成员养成良好的习惯，并遵守规则做事，培养积极主动的精神（也称习惯性）。目的是：培养有好习惯、遵守规则的员工，营造团员精神。

（6）安全（SECURITY）　重视全员安全教育，每时每刻都有"安全第一"观念，防范于未然。目的是：建立安全生产环境，所有的工作应建立在安全的前提下。

"6S"管理的作用是提高效率，保证质量，使工作环境整洁有序；以预防为主，保证安全。"6S"的本质是一种凝聚执行力的企业文化，强调纪律性的文化，不怕困难，想到做到，做到做好，将作为基础性的"6S"工作落实，为其他管理活动提供优质的管理平台。

三、数控车床加工

1. 数控车床加工工作过程

数控车床工作过程大致分为工艺分析、编制程序和机床加工三个步骤，如图0-10所示。

（1）工艺分析　根据加工零件图样要求进行工艺分析，内容包括选择机床、确定装夹、划分工序、选择刀具、选择切削参数、确定走刀路径、计算节点。

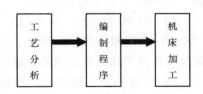

图0-10　数控车床工作过程简图

（2）编制程序　根据工艺分析内容，按当前CNC程序格式编写零件加工程序，并通过仿真软件等手段调试，最后用U盘保存程序或直接由计算机通过网络和CNC通信。

（3）机床加工　操作者完成装夹、校正、对刀等工作后，可运行上述加工程序，CNC系统将程序译码、寄存和运算，向机床伺服机构发出运动指令，以驱动机床各运动部件自动完成对工件的加工。

2. 数控车床加工切削用量的选择

合理地选择车削用量对零件的加工经济性和零件最终精度的形成起到关键的作用。切削用量包括：背吃刀量 a_p、主轴转速 s 或切削速度 v_c（用于恒线速度切削）、进给速度 v_f 或进给量 F。这些参数均应在机床给定的允许范围里选取。数控车床加工中的切削用量与普通车床加工中所要求的切削用量基本一致。原则上要求粗车：相对慢的转速，相对快的进给，较大的背吃刀量；反之，要求精车：相对快的转速，相对慢的进给，较小的背吃刀量。现代数控车床刀具多用机夹可换刀片车刀，在保证刀具使用寿命的情况下，切削用量的选择可适当提高。一般，数控刀具生产厂商会推荐较合理的切削用量，见表 0-3。

表 0-3　某数控刀具推荐用切削用量

刀具材料	工件材料	粗加工			精加工		
		切削速度 /(m/min)	进给量 /(mm/r)	背吃刀量 /mm	切削速度 /(m/min)	进给量 /(mm/r)	背吃刀量 /mm
硬质合金或涂层硬质合金	碳钢	220	0.2	3	260	0.1	0.4
	合金钢	120 ~ 180	0.2	3	160 ~ 220	0.1	0.4
	铸铁	80	0.2	3	120	0.1	0.4
	不锈钢	80	0.2	2	60	0.1	0.4
	铝合金	1600	0.2	1.5	1600	0.1	0.5

　　编程时切削用量通常选取一个推荐数值，当实际加工时，再按照当前工件加工质量适当调整机床的主轴转速和进给倍率，且留有加工余量 0.1 ~ 0.5mm。

　　3. 程序

　　程序是由多个程序段构成的，而程序段又是由多个代码字构成的，各程序段用程序段结束代码（ISO 为 LF、EIA 为 CR）分隔开。本书中用字符";"表示程序段结束代码。程序一般结构如图 0-11 所示。

　　程序分为开始、中间和结束三部分。

　　1）开始部分，以字母"O"开头，如"O0001"，它是指程序名。

　　2）中间部分，如图 0-11 中从"N0010 ~ N0200"之间的程序，它是控制辅助设备开关和刀具运动的轨迹。

　　3）结束部分，图中以"M30"作为程序结束，以"%"作为结束符。

　　程序段由多个代码字组成，如图 0-12 所示。

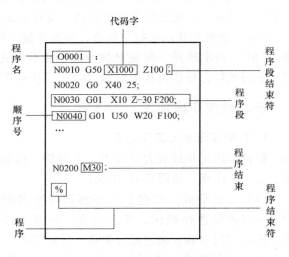

图 0-11　程序一般结构

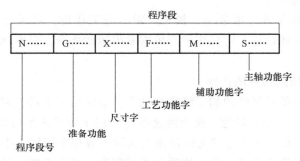

图 0-12　程序段的组成

代码字由"地址＋数字"组成，地址字用英文字母（A～Z）中的一个字母表示，它规定了其后数值的意义（表0-4）。根据不同的代码，有时一个地址也有不同意义（在以后项目详细介绍）。如G50，"G"是地址字，"50"是数字，G50表示工件坐标的设定。

表0-4 代码字一览表

地 址	功 能	取值范围
O	程序名	0～9999
N	顺序号,可省略	1～9999,顺序由小到大,有一定间隔
G	准备功能(详见附录A)	00～99
X	X向坐标地址	－9999.999～9999.999mm
	暂停时间指定(s)	0～9999.999s
Z	Z向坐标地址	－9999.999～9999.999mm
U	X向增量	－9999.999～9999.999mm
	G71、G72、G73代码中X向精加工余量	－9999.999～9999.999mm
	G71中切削深度	0.001～9999.999mm
	G73中X向粗加工余量	－9999.999～9999.999mm
W	Z向增量	－9999.999～9999.999mm
	G72中切削深度	0.001～9999.999mm
	G71、G72、G73代码中Z向精加工余量	－9999.999～9999.999mm
	G73中Z向粗加工余量	－9999.999～9999.999mm
R	圆弧半径	0～9999.999mm
	G71、G72中的循环退刀量	0.001～9999.999mm
	G73中粗车次数	1～9999999次
	G74、G75中切削后的退刀量	0～9999.999mm
	G74、G75中切削到终点时的退刀量	0～9999.999mm
	G76中的精加工余量	0～9999.999mm
	G90、G92、G94中的锥度	－9999.999～9999.999mm
I	圆弧中心相对起点在X轴矢量	－9999.999～9999.999mm
	寸制螺纹牙数	0.06～25400牙/in
K	圆弧中心相对起点在Z轴矢量	－9999.999～9999.999mm
F	每分进给速度	1～8000mm/min
	每转进给速度	0.001～500mm/r
	米制螺纹导程	0.001～500mm
S	主轴转速的指定	0～9999r/min
	主轴恒线速值的指定	0～9999m/min
	多档主轴输出	00～04
T	刀具功能、建立工件坐标系	0100～0800
M	辅助功能输出、程序执行流程、子程序的调用(详见附录B)	00～99

（续）

地址	功 能	取值范围
P	暂停时间	1~9999999(0.001s)
	调用子程序号	0~9999
	子程序调用次数	0~99
	G74、G75 中的 X 向循环移动量	0.001~9999.999mm
	G76 中的螺纹切削参数	
	复合循环代码精加工起始程序段顺序号	1~9999
Q	复合循环代码精加工结束程序段顺序号	1~9999
	G74、G75 中的 Z 向循环移动量	0.001~9999.999mm
	G76 中的第一次切入量	1~9999.999mm
H	G65 中的运算符	01~99

做一做

你能读懂图 0-13 所示工件的加工程序（表 0-5）吗？

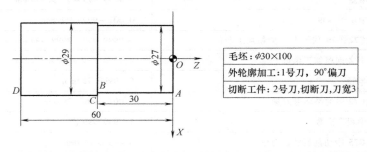

毛坯：$\phi30\times100$

外轮廓加工：1号刀，90°偏刀

切断工件：2号刀，切断刀，刀宽3

图 0-13　练习图

表 0-5　加工程序

程序	说明
O0001;	程序名
N20 T0101;	换 1 号刀，90°偏刀
N10 M03 S500;	主轴正转，转速为 500r/min
N5 G00 X100 Z100;	快速定位至（X100-Z100）处
N30 G00 X0 Z5;	快速定位至（X0，Z5）处
N40 G01 Z0 F100;	直线插补至（Z0）处，即 O 点
N50 X27;	直线插补至（X27）处，即 A 点
N60 Z-30 F80;	直线插补至（Z-30）处，即 B 点
N70 X29;	直线插补至（X29）处，即 C 点
N80 Z-60;	直线插补至（Z-60）处，即 D 点
N90 G00 X100;	快速定位至（X100）处

（续）

程　序	说　明
N100 Z100；	快速定位至（Z100）处
N110 T0202；	换2号刀，切断刀，刀宽3mm，后刀尖对刀
N120 M03 S300；	主轴正转，转速为300r/min
N130 G00 X32；	快速定位至（X32）处
N140 Z-60；	快速定位至（Z-60）处
N150 G01 X2 F50；	直线插补至（X2）处
N160 G00 X100；	快速定位至（X100）处
N170 Z100；	快速定位至（Z100）处
N180 M05 T0100；	主轴停止，换1号刀
N190 M30；	程序结束

4. 坐标值的计算

在编制加工程序时，刀具运动轨迹用坐标值来描述。在工件坐标系确定的前提下，坐标值表示方法有绝对坐标值和相对（增量）坐标值。

（1）绝对坐标值　各坐标点数值是以工件坐标系统原点为固定的起点进行计算，用 X 代表径向（即工件直径方向），且 X 坐标值为直径值（即直径编程方式）；用 Z 代表轴向（即工件长度方向）。

（2）相对（增量）坐标值　运动轨迹的终点坐标值是以前一点为起点进行计算，各坐标点的值是相对前点所在位置之间的距离。用 U 代表径向（直径值），用 W 代表轴向。

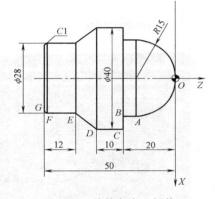

图0-14　计算各点坐标值

在运动轨迹中，如果后一点坐标值与前一点坐标值有 X 或 Z 坐标相同的，后一点相同的值可省略不写，直到新的坐标值。如计算图0-14所示的各点坐标值。表示方法见表0-6。

表0-6　各点坐标值表示方法

坐标点	绝对坐标值	相对坐标值	坐标相同省略，混合值
A	X30 Z-15	U30 W-15，相对 O 点	X30 Z-15
B	X30 Z-20	U0 W-5，相对 A 点	Z-20
C	X40 Z-20	U10 W0，相对 B 点	X40
D	X40 Z-30	U0 W-10，相对 C 点	W-10
E	X28 Z-38	U-12 W-8，相对 D 点	X28 Z-38
F	X28 Z-49	U0 W-11，相对 E 点	W-11
G	X26 Z-50	U-2 W-1，相对 F 点	X26 W-1

在工件坐标系上，各点的坐标值在图样上都能比较容易读出，但有些锥度、圆弧及曲面等连接部位的坐标值无法直接读出，需要进行数值的换算和数学处理后才可确定。人工换算和数学计算较复杂、费时，且容易出错，现通常是用 CAD 软件作图方法，直接标注坐标值。

四、数控车床系统

1. 数控系统简介

目前常见的数控系统主要有：国外的日本 FANUC（发那科）、德国 SIEMENS（西门子）、日本 MITSUBISHI（三菱）、德国 Heidenhain（海德汉）、日本 MAZAK（马扎克）数控系统和国内的华中 HCNC、广州数控 GSK 数控系统等。本书采用的是经济普及型的广州数控 GSK980TA2 数控系统。

2. 面板介绍

GSK980TA2 数控系统具有集成式操作面板，共分为 LCD 液晶显示区、编辑键盘区和机床控制区等几大区域，如图 0-15 所示。

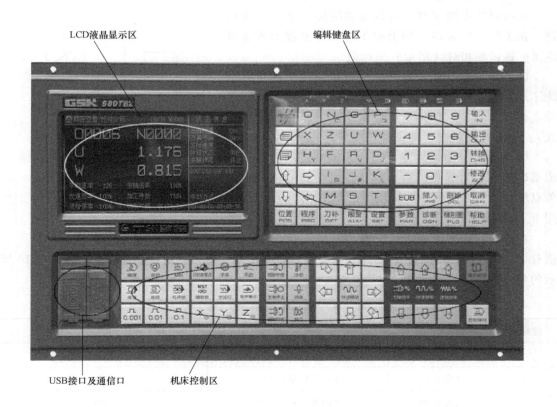

图 0-15　GSK980TA2 数控系统界面

（1）编辑键盘区　将编辑键盘区的键再细分为 9 个小区，具体每个区的使用说明如图 0-16 所示。各键功能见表 0-7。

（2）屏幕操作键（图 0-17、表 0-8）

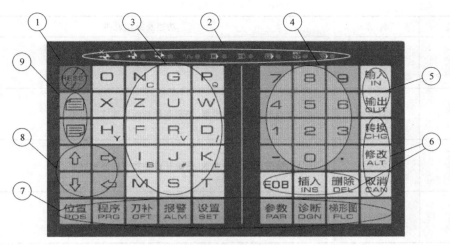

图 0-16 编辑键盘区

表 0-7 编辑键盘区各键功能

序号	名称	功能说明
①	复位键	系统复位,进给、输出停止
②	指示灯	各功能指示灯
③	地址键	进行地址录入
④	数字键	进行数字录入
⑤	输入/输出键	用于参数、补偿量等数据输入,RS232 接口文件的输入、输出等
⑥	功能键	程序编辑时程序段的插入、修改、删除等操作
⑦	屏幕操作键	按下其中任意键,进入相对应的界面显示
⑧	光标移动键	可使光标上、下、左、右移动
⑨	翻页键	用于同一显示方式下页面的转换、程序的翻页等

图 0-17 屏幕操作键

表 0-8 屏幕操作键各键功能

按键	名称	功能及操作说明
位置 POS	位置页面	通过翻页键切换当前点的相对坐标、绝对坐标、综合坐标、位置/程序四种显示界面
程序 PRG	程序页面	通过翻页键切换程序、MDI、程序目录三种显示界面
刀补 OFT	刀补页面	通过连续按此键切换 001～064 号和 101～164 号两部分显示内容

（续）

按　键	名　称	功能及操作说明
报警 ALM	报警页面	通过翻页键切换报警信息、外部消息两种显示界面
设置 SET	设置页面	通过连续按此键转换设置、图形两种显示界面
参数 PAR	参数页面	通过连续按此键转换参数、螺距补偿参数两种显示界面
诊断 DGN	诊断页面	通过连续按此键转换诊断、机床面板、宏变量三种显示界面

（3）机床控制区（图0-18、表0-9）

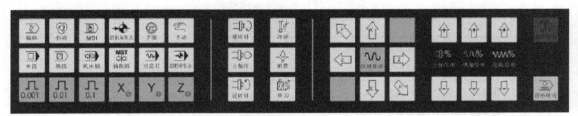

图0-18　机床控制区

表0-9　机床控制区各键功能

按键	名称	功能及操作说明
编辑	编辑方式	调入内部存储器的程序、新建、编辑、修改等
自动	自动方式	自动逐段(行)执行选择的内部存储器程序
MDI	录入方式	手动直接录入指令代码，按循环启动键后执行
回机床零点	机床回零方式	配合按"＋X""＋Z"轴按键，可返回机床零点位置，系统坐标复位
手脉	手脉方式	配合手轮顺、逆时针方向转动，可使X、Z轴做微量进给

（续）

按键	名称	功能及操作说明
手动	手动方式	可使 X、Z 轴移动,实现主轴转动,手动换刀等动作
单段	单段开关	程序单段/连续运行状态切换,指示灯亮时为单段运行
跳段	程序段选跳开关	首标"/"符号的程序段是否跳段的开关,打开时,指示灯亮,程序跳过
空运行	空运行开关	空运行有效时,指示灯亮,忽略进给速度限制
MST 辅助锁	辅助功能开关	辅助功能打开时,指示灯亮,M、S、T、功能输出无效,自动方式、录入方式下有效
机床锁	机床锁住开关	机床锁打开时,指示灯亮,轴动作输出无效,自动、录入、机床回零、手脉及手动方式下有效
顺时针　主轴停　逆时针	主轴控制键	可主轴顺时针方向转动、主轴停止、主轴逆时针方向转动,手动方式下有效
主轴倍率	主轴转速倍率键	主轴速度的调整,任何方式下有效
快速倍率	快速倍率键	快速移动速度的调整,自动、录入、机床零点、手脉及手动方式下有效
进给倍率	进给倍率键	进给速度的调整,自动、录入、手脉及手动方式下有效
0.001　0.01　0.1	手动单步、手脉倍率选择键	手脉转动倍率的选择,手脉、手动方式下有效
X　Y　Z	手脉轴选择键	选择手摇脉冲发生器(手脉)对应的机床移动轴,手脉方式下有效

（续）

按键	名称	功能及操作说明
 润滑	润滑开/关	机床润滑开/关
 冷却	切削液开/关	切削液开/关
 换刀	换刀键	转换刀位,手动及手脉方式下有效
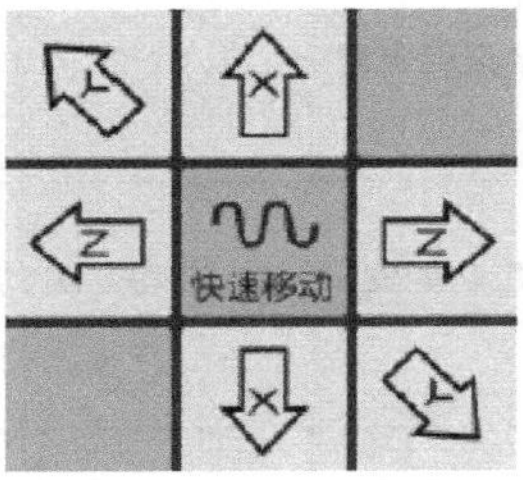 快速移动	手动进给键 快速移动键	手动操作方式 X、Y、Z 轴正向/负向移动,机床回零、手动及手脉方式下有效。 快速移动开/关
 进给保持	进给保持键	系统暂停,重新执行按循环启动键,自动方式、录入方式下有效
 循环启动	循环启动键	程序自动逐行运行,自动、录入方式下有效

3. 基本操作

（1）开/关机　数控系统通上电前,应确认以下。

1）电源电压符合要求。

2）机床润滑油等状态正常。

操作步骤:先打开机床电源,后打开 CNC 电源,松开急停开关,系统自检正常,初始化自动完成。

关机前,应确认以下。

1）CNC 系统的 X、Z 轴处于停止状态。

2）辅助功能（如主轴、水泵等）关闭。

3）机床的 X、Z 轴移至中间位置。

操作步骤:先切断 CNC 电源,后切断机床电源。

机床运行过程中,在紧急情况下可立即按急停开关,切断机床电源,以防事故发生。但必须注意,切断电源后,系统坐标与实际位置可能会有偏差,必须重新进行回零、对刀等操作。

（2）回零操作　数控机床通电后必须先让各轴均返回参考点，在确定机床坐标系后方可进行其他操作。机床关机，重新通电、机床解除急停状态后和机床超程报警解除后均需要进行回零操作，见表0-10。

表 0-10　回零操作

工作方式	按键选择	指示灯	功能说明
回机床零点	↓X	X	刀架沿 X 轴移动至正向极限位置
	→Z	Z	刀架沿 Z 轴移动至正向极限位置

注：在切断电源和机床超程报警解除后，系统坐标与实际位置可能会有偏差，必须进行重新回零操作。

（3）手动操作（表 0-11）

表 0-11　手动操作

工作方式	按键选择	功能说明
手动	⇑X	刀架沿 X 轴负方向移动
	⇓X	刀架沿 X 轴正方向移动
	同时按 ⇑X 和 快速移动	刀架沿 X 轴正方向快速移动
	⇐Z	刀架沿 Z 轴负方向移动
	⇒Z	刀架沿 Z 轴正方向移动
	同时按 ⇐Z 和 快速移动	刀架沿 Z 轴负方向快速移动
	顺时针　主轴停　逆时针	主轴分别顺时针方向转动、停止、逆时针方向转动
	换刀	刀架转动

（4）手脉（增量）操作（表 0-12）

表 0-12　手脉操作

工作方式	按键选择	手轮	功能说明
手脉	X加 0.1		顺时针方向转动手轮，每转 1 格，刀架沿 X 轴正方向移动 0.1mm
	X加 0.001		逆时针方向转动手轮，每转 1 格，刀架沿 X 轴负方向移动 0.001mm
	Z加 0.01		顺时针方向转动手轮，每转 1 格，刀架沿 Z 轴正方向移动 0.01mm
	Z加 0.01		逆时针方向转动手轮，每转 1 格，刀架沿 Z 轴负方向移动 0.001mm

（5）MDI 操作（表 0-13）

表 0-13　MDI 操作

工作方式	按键1	按键2	按键3	按键4	按键5	功能说明
MDI	程序 PRG	或 MDI 显示界面	G50	输入 IN	循环起动	执行程序段： G50 X100 Z100； 设定工件坐标
			X100	输入 IN		
			Z100	输入 IN		
			S600	输入 IN	循环起动	执行程序段： S600 M03； 主轴正转 600r/min
			M03	输入 IN		
			T0202	输入 IN	循环起动	执行程序段： T0202； 换 2 号刀
			G28	输入 IN	循环起动	执行程序段： G28 U0 W0； 返回机床零点
			U0	输入 IN		
			W0	输入 IN		

（6）编辑操作（表0-14）

表0-14 编辑操作

工作方式	按键1	按键2	按键3	按键4	功能说明
编辑	程序 PRG	程序显示界面	键入：O1001	EOB	新建程序名：O1001
			键入：G00 X100 Z100；	EOB	输入程序段（行）：G00 X100 Z100；
			移动光标：⇧ ⇨ ⇩ ⇦	插入 INS	插入当前字母或数字
				删除 DEL	删除当前字母或数字
				修改 ALT	修改当前字母或数字
				RESET	复位键，光标返回至程序头
		程序目录界面	如有 O0001，则键入	⇩	调入"O0001"作为当前程序
			如有 O0001，则键入	删除 DEL	删除"O0001"程序
			0-9999	删除 DEL	删除所有程序

（7）自动/单段运行操作（表0-15）

表 0-15　自动/单段运行操作

工作方式	按键1	按键2	按键3	按键4	功能说明
自动	程序 PRG	或 / 程序显示界面	RESET	循环起动	自动运行当前程序
				进给保持	进给保持,重新按循环启动键继续自动运行
			空运行		忽略进给速度自动运行
			MST 辅助锁	循环起动	M、S、T功能锁定,自动运行
			机床锁		机床轴锁定,自动运行
			单段	循环起动	单段运行程序
			循环起动	RESET	中止运行当前程序,机床停止、主轴停止,切削液关,CNC复位

（8）坐标清零操作（表 0-16）

表 0-16　坐标清零操作

按键1	按键2	按键3	按键4	功能说明
位置 POS	或 / 相对坐标界面	U 指示灯闪烁	取消 CAN	U 坐标清零
		W 指示灯闪烁		W 坐标清零

（9）刀补数据清零操作（表 0-17）

表 0-17　刀补数据清零操作

按键1	按键2	按键3	按键4	功能说明
刀补 OFT	翻页或光标移动至刀具偏置某一序号	X	输入 IN	X 轴刀补清零
		Z		Z 轴刀补清零

（10）报警处理　多数情况下，由于程序指令格式错误或 CNC 参数设置而导致的报警属于软报警。此时先按 RESET "复位"键，并且根据报警提示，修改程序错误即可。

如果是由于机床机械、电气部分等的故障导致的报警，则属于硬报警。故障修复后，必须要做机床回零操作。如移动刀具时超程了，此时先按 RESET 键，再按住"解除超程"键和反方向移动刀具，最后进行机床回零操作即可。

做一做

录入表 0-5 所示加工程序，并检验、自动运行（空运行、机床锁住）。

五、数控车 CAD/CAM 加工

1. CAD/CAM 加工简述

计算机辅助设计（CAD）能设计出产品的零件模型，计算机辅助制造（CAM）是能根据 CAD 零件模型应用计算机来辅助产品制造的统称，即利用计算机辅助完成从原料到产品的全部制造过程。在制造过程中的某些环节应用计算机，主要包括计算机辅助工艺过程设计（CAPP）和计算机辅助加工（CAM）两部分，当前计算机辅助加工大多是数控加工。

CAD/CAM 软件将计算机与 CNC 机床组成面向车间的系统，大大提高了设计效率，充分发挥数控机床的优越性，提高整体生产水平，可实现系统集成和设计制造一体化（CIMS）。现在，CAD/CAM 技术在我国机械加工行业应用日益广泛。

目前，国内外常用的 CAD/CAM 软件主要有：国外的 NX/ UG、CATIA、Pro / E, MasterCAM 和 Cimatron 等；国内的 CAXA 电子图板、制造工程师和数控车等。

2. 数控车仿真程序

在自动加工工件前，为减少数控机床操作出错机会，减少材料消耗和方便调试修改加工程序，通常用数控仿真加工软件模拟机床操作加工。现在国内数控仿真软件主要有：宇龙、斯沃、超软和广州数控仿真等。本书以广州数控 980TD 模拟仿真软件（图 0-19）为主，以图 0-20 和表 0-18 为例，简述广州数控 980TD 模拟仿真软件的操作过程。

图 0-19　广州数控 980TD 模拟仿真软件界面

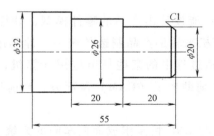

图 0-20　仿真加工零件图

表 0-18　仿真加工程序

程　序	说　明
O1002；	程序名
T0101；	90°偏刀
G00 X100 Z100；	
S1000 M03；	
X35 Z2；	
G71 U1. 5 R2；	

（续）

程 序	说 明
G71 P10 Q20 U0.5 W0 F100；	
N10 G00 X18；	
G01 Z0；	
X20 Z-1；	
Z-20；	
X26；	
Z-40；	
X32；	
N20 Z-60；	
G00 X100 Z100；	
T0202；	切断刀，刀宽3mm，右刀尖对刀
S400 M03；	
X35；	
Z-55；	
G01 X2 F40；	
G00 X100；	
Z100；	
T0100；	
M30；	程序结束

（1）视图布局操作　单击"水平视图布局" → "俯视" → "主轴部分" ，鼠标滚轮，可放大、缩小视图大小，如图0-21和图0-22所示。

图0-21　标准工具条

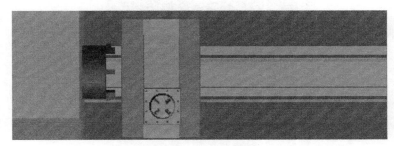

图0-22　视图布局操作

（2）刀具选择操作　单击"选择刀具" ，如图0-21和图0-23所示。其中，1号刀：选择刀片 →ID2→选择刀柄 →ID1；2号刀：选择刀片 →ID4→选择刀柄 →ID2。

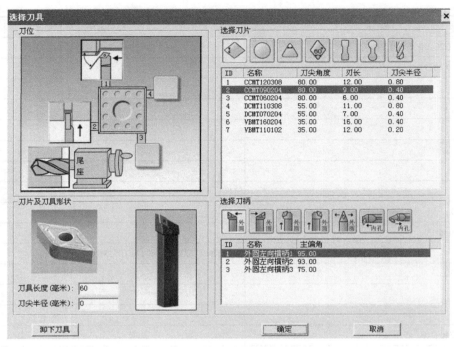

图 0-23　刀具选择操作

（3）设置毛坯及夹紧操作

1）单击"设置毛坯" ⊗→长度"150"→直径"35"，如图 0-21 和图 0-24 所示。

图 0-24　设置毛坯操作

2）单击"卡盘夹紧" ▽，如图 0-25 所示。

（4）控制面板操作

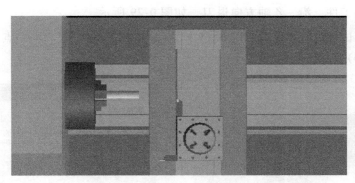

图 0-25　卡盘夹紧

1）回零：单击"机械零点" →"+Z 轴" →"+X 轴" ，此时刀架移动，直到 指示灯亮。

2）手动：单击"手动" →"−Z 轴" →"快进" →"+Z 轴" 或单击"−X 轴" →"+X 轴" ，靠近工件，如图 0-26 所示。

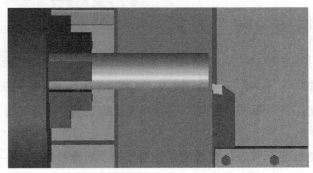

图 0-26　手动操作

3）MDI 方式使主轴转动：单击"录入方式" →"翻面至 MDI 显示" →键入"M03" + →键入"S560" + →"循环启动" ，如图 0-27 和图 0-28 所示。

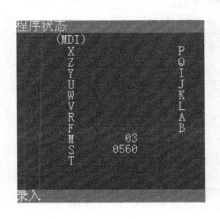

图 0-27　MDI 显示界面

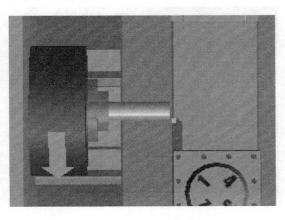

图 0-28　主轴正轴

4）手动试切工件，沿 $+Z$ 轴方向退刀，如图 0-29 所示。

5）测量剖面试切直径：单击"主轴停止" 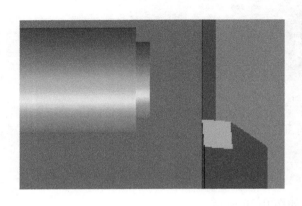→"剖面测量" →点选测量试切的直径 X_a（如 25.560），如图 0-30 所示。

图 0-29　沿 $+Z$ 轴方向退刀

图 0-30　测量剖面试切直径

6）设定坐标系（工件原点在工件右端中心上）：单击"录入" →"程序" →"翻页" 或 →键入"G50" + →键入"X25.560" + →"循环启动" 。

7）重新手动试切工件：单击"手动" →"主轴正转" →沿 $-Z$ 轴试切→沿 $+X$ 轴退刀，如图 0-31 所示。

8）测量剖面试切长度：单击"主轴停止" →"剖面测量" →点选测量试切的长度 Z_b（如"5.547"），如图 0-32 所示。

9）设定坐标系（工件原点在工件右端中心上）：单击"录入" →"程序" →

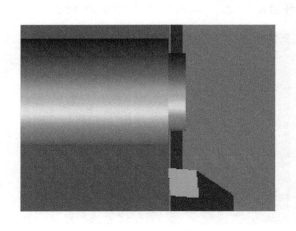

图 0-31　试切沿 $+X$ 轴退刀

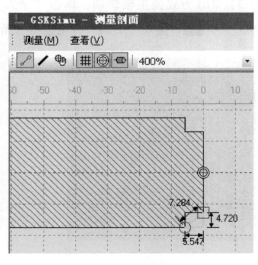

图 0-32　测量剖面试切长度

"翻页" ▤ 或 ▤ →键入"G50" + 输入IN →键入"Z-5.547" + 输入IN →"循环启动" ⬚。

10）刀补数据清零：单击"刀补" 刀补OFT →"翻页" ▤ 或 ▤ → ⬆ 或 ⬇ 至序号 01 → X + 输入IN → Z + 输入IN →，此时刀补偏置数据清零，如图0-33所示。

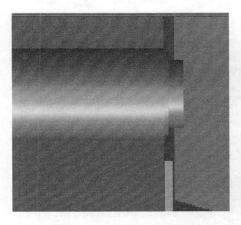

图 0-33　刀补数据清零

11）移动刀具至安全距离后换刀：单击"手动" 🖐 →"换刀" 🔧，此时刀具切断刀。

12）同理手动试切工件：先沿 +Z 轴退刀，测量试切后直径 X_c，然后单击"刀补"→翻页至序号 02 →选取"X_c"轴 + 输入IN ；重新试切工件：沿 +X 轴退刀，测量试切后长度 Z_d，键入"Z-(d-3)"（注：因切断刀宽3mm，采用后刀尖对刀），单击 输入IN，如图0-34和图0-35所示。

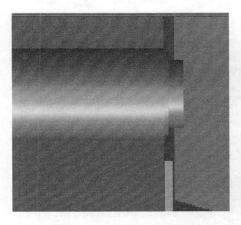

图 0-34　切断刀试切工件

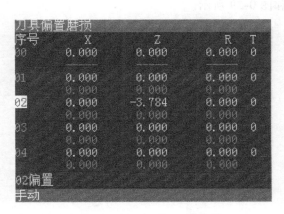

图 0-35　录入"02"刀补数据

13）打开记事本编辑并保存文件，以字母"O"开头，如"O1002.cnc"，如图0-36所示。

14）导入零件程序：单击"编辑" →"下拉菜单"→ 导入零件程序 →选取文件"O1002.cnc"，导入文件成功；单击"程序" 程序PRG →键入"O1002" + ⬇，显示结果，如图0-37所示。

```
O1002.cnc - 记事本                    _ □ ×
文件(F) 编辑(E) 格式(O) 查看(V) 帮助(H)
O1002
T0101
G00 X100 Z100
S1000 M03
G00 X35 Z2
G71 U1.5 R2
G71 P10 Q20 U0.5 W0 F100
N10 G00 X18
G01 Z0
X20 Z-1
Z-20
X26
Z-40
X32
N20 Z-60
G70 P10 Q20
G00 X100 Z100
T0202
S400 M03
X35
Z-55
G01 X2 F40
G00 X100
Z100
T0100
M30
```

图0-36　打开记事本编辑加工程序

```
程序内容    行:2    列:1    插入
O1002;
T0101;
G00 X100 Z100;
S1000 M03 ;
G00 X35 Z2;
G71 U1.5 R2;
G71 P10 Q20 U0.5 W0 F100;
N10 G00 X18 ;
G01 Z0;
X20 Z-1;
编辑
```

图0-37　调入加工程序

15）自动运行程序：单击"自动" → "程序" 程序PRG → "循环启动" ，如图0-38和图0-39所示。

图0-38　自动运行程序

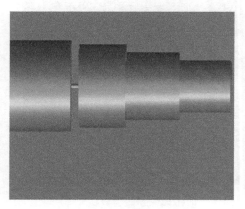

图0-39　仿真加工结果

3. CAXA数控车软件

下面以图0-40为例，简述CAXA数控车（图0-41和图0-42）操作方法和工作过程。

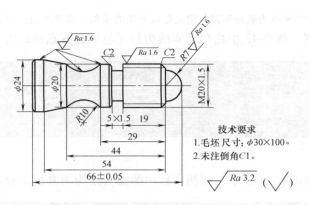

图 0-40　练习零件图

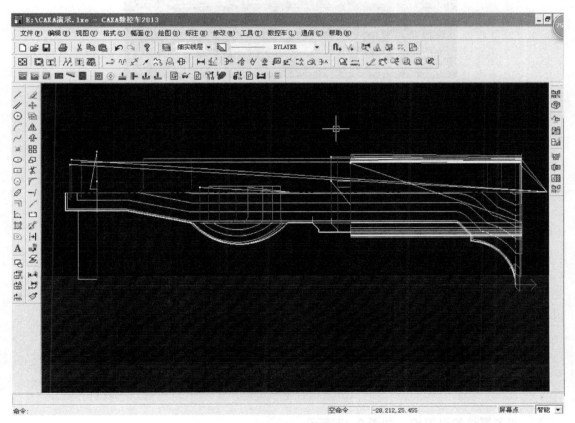

图 0-41　CAXA 数控车软件界面

图 0-42　CAXA 数控车刀具轨迹生成方法工具条

注：图 0-43～图 0-49 所示为数控车刀具轨迹生成方法的步骤，软件详细操作见本书项目九。

1）加工线框造型，图 0-43 中白色粗实线为加工轮廓，双点画线为毛坯。

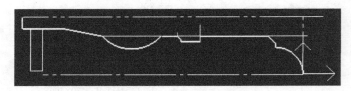

图 0-43　加工线框造型

2）粗车轮廓，如图 0-44 所示，用椭圆标出的细实线为刀具加工轨迹。

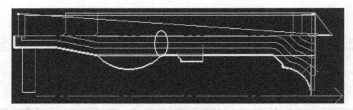

图 0-44　轮廓粗车

3）粗车轮廓加工凹圆弧部位，如图 0-45 所示，凹圆弧内细实线为加工轨迹。

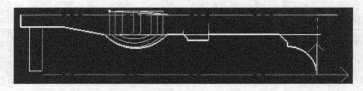

图 0-45　轮廓粗车凹圆弧

4）精车轮廓，如图 0-46 所示。

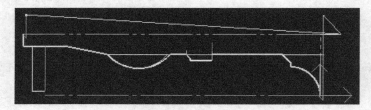

图 0-46　轮廓精车

5）切车螺纹的退刀槽，如图 0-47 所示。

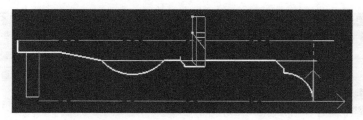

图 0-47　切退刀槽

6）车 M20 螺纹，如图 0-48 所示。

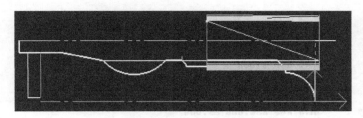

图 0-48　车 M20 螺纹

7）切断工件，如图 0-49 所示。

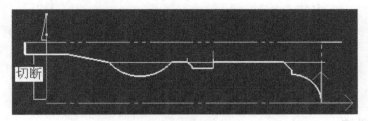

图 0-49　切断工件

8）后置处理设置，如图 0-50 所示。

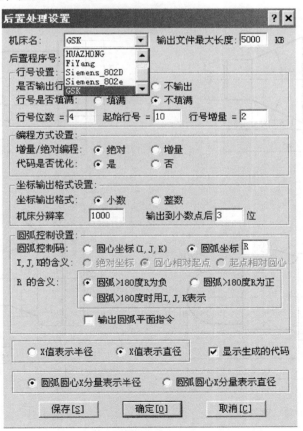

图 0-50　后置处理设置窗口

9）输出 G 代码，部分内容做修改，如图 0-51 所示。

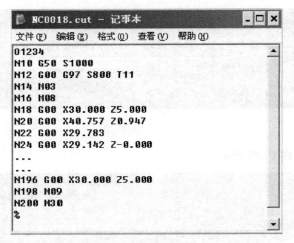

图 0-51　输出 G 代码

六、拓展训练

编写图 0-52 ~ 图 0-55 所示各节点坐标（采用绝对坐标和相对坐标方式）。

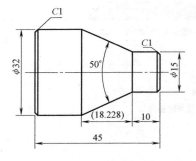

图 0-52　练习图一

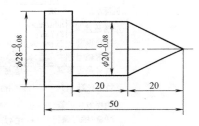

图 0-53　练习图二

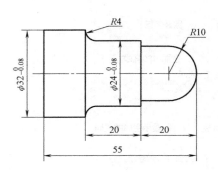

图 0-54　练习图三

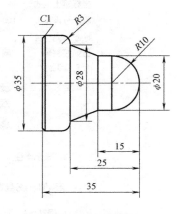

图 0-55　练习图四

项目一
心轴的加工

最简单的回转体零件是光轴，它由外圆柱面和端面组成。本项目中的心轴由外圆柱面、端面和槽（砂轮越程槽）组成。它的加工工艺与普通车床加工工艺是一致的，但它的数控加工程序是如何编制的呢？

【学习目标】

1. 熟练掌握数控系统面板操作方法。
2. 理解数控加工程序结构及指令组成。
3. 熟练掌握 G00、G01、G90（外圆切削循环）等指令。
4. 养成安全操作意识。

【项目描述】

项目描述与要求如图 1-1 和表 1-1 所示。

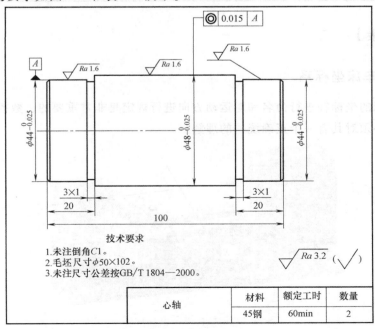

图 1-1　项目零件图

表 1-1　考核评分记录

序 号	项 目	配分	评分标准 （各项配分扣完为止）	检测 结果	扣分	得分
1		10	不正确使用机床,酌情扣分			
2		5	不正确使用量具,酌情扣分			
3	现场操作规范	5	不正确使用刃具,酌情扣分			
4		10	不正确进行设备维护保养,酌情扣分			
5	总长（100 ± 0.3）mm	8	每超差 0.1mm 扣 4 分			
6	外径 $\phi48_{-0.025}^{\;\;\;0}$mm	12	每超差 0.01mm 扣 4 分			
7	外径 $\phi44_{-0.025}^{\;\;\;0}$mm （两处）	12	每超差 0.01mm 扣 4 分			
8	长度（20 ± 0.2）mm （两处）	8	每超差 0.1mm 扣 4 分			
9	槽 3mm×1mm（两处）	6	每超差 0.1mm 扣 3 分			
10	倒角 C_1（两处）	6	每处不合格扣 3 分			
11	表面粗糙度值 $Ra1.6\mu m$（3 处）	18	每处降低一个等级扣 6 分			
12	考核时间		每超时 10min 扣 5 分			
	合计	100				总分：

【知识链接】

一、数控车床坐标系

对数控机床的坐标轴进行命名和对运动方向进行规定是非常重要的，数控机床的操作者和维修人员都必须对其有一个正确统一的理解。

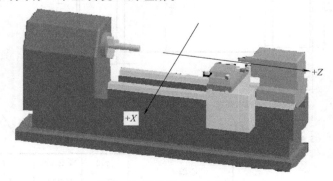

图 1-2　数控车床及坐标轴

数控车床可同时联动 X、Z 轴，规定 X 轴为水平面的前后方向，Z 轴为水平面的左右方向。向工件靠近的方向为负方向，离开工件的方向为正方向，如图 1-2 所示。

从车床正面看，刀架在工件的前面称为前刀座，刀架在工件的后面称为后刀座，如图 1-3、图 1-4 所示。从图中我们可以看出，前、后刀座坐标系的 X 方向正好相反，而 Z 方向是相同的。前、后刀座的机床的编程方法是一致的，本书采用前刀座的坐标系。

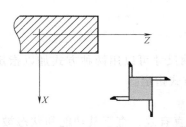

图 1-3　前刀座的坐标系

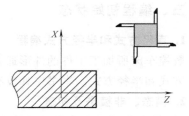

图 1-4　后刀座的坐标系

1. 机床坐标系

机床坐标系是机床固有的坐标系，机床坐标系的原点确定为机床零点（或机械零点，如图 1-5 所示 M 点），通常安装在 X 轴和 Z 轴正方向的最大行程处。在机床经过设计、制造和调整后，这个机床零点便被确定下来，它是固定的点。数控装置上电时并不知道机床零点，通常要进行自动或手动返回机床零点，以建立机床坐标系，如图 1-5 所示。当机床回到了机床零点，CNC 就建立起了机床坐标系。

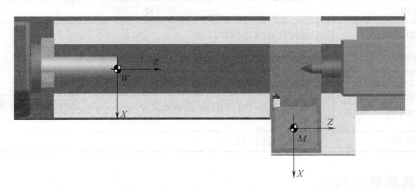

图 1-5　机床坐标系与工件坐标系

2. 工件坐标系

工件坐标系是编程人员在编程时使用的坐标系，编程人员选择工件上的某一已知点为原点（也称为程序原点，如图 1-5 所示 W 点），建立一个新的坐标系，称为工件坐标系。工件坐标系一旦建立便一直有效，直到被新的工件坐标系所取代。关机或断电不保存工件原点位置。

工件坐标系的原点选择要尽量满足编程简单、尺寸换算少、引起的加工误差小等条件。对车床编程而言，工件坐标系原点一般选在工件轴线与工件的前端面、后端面、卡爪前端面的交点上。如无特殊说明，本书编程时的工件原点就设在工件右端中心上，如图 1-5 所示。

 想一想

机床坐标系与工件坐标系有什么区别？

二、节点坐标值的计算

在工件坐标系中，节点坐标值的表示方法有绝对坐标值法和相对（增量）坐标值法。GSK980 系统中，绝对坐标编程采用地址 X、Z，相对坐标编程采用地址 U、W。详见绪论坐标值的计算部分。

三、编程初始状态

1. 直径方式和半径方式编程

数控车床所加工工件的外形通常是旋转体，其中，X 轴尺寸可以用两种方式加以指定：直径方式和半径方式。本书中如没有特别指定，均以直径方式指定。

2. 模态、非模态及初态

1）模态是指相应代码的功能和状态一经执行，以后一直有效，直至其功能和状态被重新指定，即在以后的程序段中若使用相同的功能和状态，可以不必再输入该代码。

2）非模态是指相应代码的功能和状态一经指定仅一次有效，以后需使用相同的功能和状态必须再次指定，即在以后的程序段中若使用相同的功能和状态，必须再次输入该代码。

3）初态是指系统上电后默认的功能和状态，即上电后如未指定相应的功能状态，系统即按初态的功能和状态执行。本系统的初态为 G00、G21、G40、G97、G98、M05、M09、M100。

例如表 1-2 所示程序段为模态与非模态的实例。

表 1-2　模态与非模态

程序	说明
G00 X100 Z100;	快速定位至（X100 Z100）处
X120 Z30;	快速定位至（X120 Z30）处，G00 为模态代码，可省略
G01 X50 Z50 F300;	直线插补至（X50 Z50）处，进给速度为 300mm/min，由 G01 取代 G00
X100;	直线插补至（X100 Z50）处，进给速度为 300mm/min，G01、Z50、F300 均为模态代码，可省略
G00 X0 Z0;	快速定位至（X0 Z0）处

四、刀具功能 T 代码

格式：T ＿＿ ＿＿；

功能：用 T 代码及其后面两位数字来选择机床上的刀具，其数值的后两位用于指定刀具补偿的补偿号；运行 T 代码也可建立工件坐标系。

例如：T0101；表示换 1 号刀，取 01 号刀补数据，建立工件坐标系。

T0200；表示换 2 号刀，取消刀补数据，取消当前工件坐标系。

五、辅助功能 M 代码

格式：M ＿＿ ＿＿；

功能：辅助功能 M 代码用地址 M 加两位数字组成，系统把对应的控制信号送给机床，用来控制机床相应功能的开或关，详见附录。

六、主轴功能 S 代码

格式：S __ ；

功能：通过地址 S 和其后面的数值，把代码信号送给机床，用于机床的主轴控制。在一个程序段中可以指定一个 S 代码。主轴速度有恒线速控制（G96）和恒转速控制（G97）两种方式。

格式：G96 S __ ；

S 后数值指定的是刀尖切线方向的线速度，单位为 m/s。

G97 S __ ；

S 后数值指定的是主轴转速，单位为 r/min。

恒线速度 v_c（m/s）与主轴转速 n（r/min）的关系为

$$v_c = \frac{\pi D n}{1000 \times 60} \tag{1-1}$$

式中　v_c——切削速度（m/s）；

　　　D——工件的直径（mm）；

　　　n——主轴的转速（r/min）。

主轴最高转速限制，格式：G50 S __ ；

S 后面的数值可以指定恒线速控制的主轴最高转速，单位为 r/min。

七、进给功能 F 代码

格式：F __ ；

功能：通过地址 F 和其后面的数值控制刀架移动的速度（进给速度）。进给速度有每分进给（G98）和每转进给（G99）两种方式。

格式：G98 F __ ；

用 F 后面的数值直接指定进给速度，单位为 mm/min。

G99 F __ ；

用 F 后面的数值直接指定进给速度，单位为 mm/r。

八、准备功能 G 代码

格式：G __ __ ；

功能：G 代码由 G 及其后两位数值组成，它用来指定刀具相对工件的运动轨迹、坐标设定等多种操作，详见附录 A。

1. 工件坐标系的设定（G50）

格式：G50 X __ Z __ ；

功能：设置工件坐标系，指定当前刀架上的刀尖位置在新的工件坐标系下的绝对坐标值。该代码不会产生运动轴的移动。

说明：

X：用于指定当前刀尖点在工件坐标系中 X 轴的绝对坐标。

Z：用于指定当前刀尖点在工件坐标系中 Z 轴的绝对坐标。

工件坐标系一旦建立，后面代码中绝对值代码的位置都表示在该坐标系中的位置，直至再次使用 G50 代码设置新的坐标系。

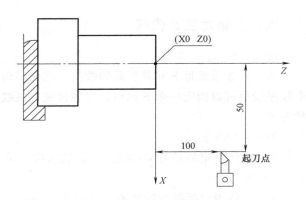

如图 1-6 所示，当执行代码"G50 X100 Z100"后，建立了如图所示的工件坐标系。（X100 Z100）是刀尖在当前工件坐标系中的位置。

注：1）G50 不能与 01 组指令共段，也不能与 M、S、T 代码共段。

图 1-6　G50 设定坐标系

2）用 G50 设定坐标系时，应在刀偏取消状态下进行。

3）T 代码也可建立坐标系。

2. 快速定位（G00）

格式：G00 X（U）__ Z（W）__；

功能：两轴同时以各自的快速移动速度移动到 X（U）、Z（W）指定的位置。

说明：

X（U）：X 向定位终点的绝对（相对）坐标。

Z（W）：Z 向定位终点的绝对（相对）坐标。

两轴是以各自独立的速度移动的，其合成轨迹并非一条直线，而是折线，因此不能保证各轴同时到达终点，即先同时移动 X、Z 轴，然后先到达的一轴保持不动，再移动另一轴到终点，编程时应特别注意，如图 1-7 所示。可通过面板上的快速倍率调整按键修调 X、Z 轴的快速移动速度。

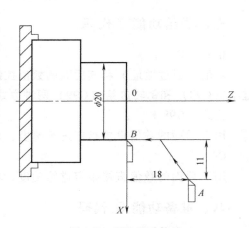

如图 1-7 所示，刀具从 A 点快速定位到 B 点的运动轨迹，可用以下编程方法。

G00 X20 Z0；　　（绝对编程，直径编程）

G00 U-22 W-18；（相对编程，直径编程）

G00 U-22 Z0；　　（混合编程，直径编程）

图 1-7　G00 运动轨迹

3. 直线插补（G01）

格式：G01 X（U）__ Z（W）__ F __；

功能：刀具以 F 代码指定的进给速度（mm/min）沿直线移动到指定的位置。插补轨迹如图 1-8 所示。

说明：

X（U）：X 向插补终点的绝对（相对）坐标。

Z（W）：Z 向插补终点的绝对（相对）坐标。

F：X、Z 轴的合成进给速度，模态代码。可通过面板上的进给倍率调整按键进行修调。

请编写图 1-8 所示从当前点到终点的直线插补程序，示例程序如下（直径编程）：

G01 X60 Z-25；（绝对值编程）

G01 U20 W-25；（相对值编程）

4. 返回机床零点（机械零点）（G28）

格式：G28 X（U）__ Z（W）__；

功能：此代码使指定的轴经过 X（U）、Z（W）指定的中间点返回到机床零点。代码中可指定一个轴，也可指定两个轴。

说明：指定动作过程如图 1-9 所示。

1）快速从当前位置移动到指定的中间点位置（A 点→B 点）。

2）快速从中间点移动到参考点（B 点→R 点）。

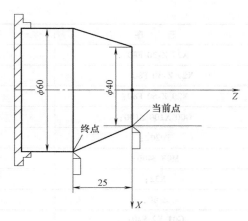

图 1-8　G01 运动轨迹

3）若非机床锁住状态，返回机床零点完毕，回零指示灯亮，机床坐标清零。

注：在电源接通后，如果一次也没进行手动返回机床零点操作，指定 G28 时，从中间点到机床零点的运动与手动返回机床零点时相同。如 "G28 U0 W0；" 即表示从当前点返回机床零点。

系统初次上电执行指令 G28，回零后设置坐标系有效，再次执行指定 G28，回零后设置坐标系均无效。

例：试编写图 1-10 所示零件轮廓的精加工程序（表 1-3），T01：90°外圆车刀；T02：切断刀，宽度 3mm。

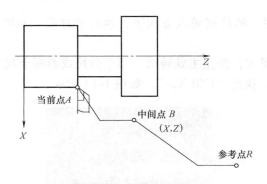

图 1-9　G28 运动轨迹

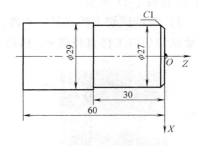

图 1-10　例图

表 1-3　精加工程序

程　序	说　明
O1001；	程序名
T0101；	换 1 号刀，且执行 1 号刀补数据
G00 X100 Z100；	快速定位至（X100 Z100）处
M03 S800；	主轴正转，转速为 800r/min
X25 Z2；	快速定位至（X25 Z2）处，此处省略 G00
G01 Z0 F80；	直线插补至（X25 Z0）处，进给速度为 80mm/min
X27 Z-1 F80	车削倒角 C1，此处省略 G01

（续）

程 序	说 明
X27 Z-30 F80；	车削直径 $\phi27mm$、长度 30mm 的圆柱体
X29 Z-30 F80；	车削轴肩
X29 Z-60 F80；	车削直径 $\phi29mm$、长度 30mm 的圆柱体
G00 X100 Z100；	快速定位至（X100 Z100）处
T0202；	换 2 号刀，且执行 2 号刀补数据，右后刀尖对刀
M03 S400；	主轴正转，转速为 400r/min
X32；	快速定位至 X32 处，此处省略 G00
Z-60；	快速定位至 Z-60 处
G01 X2 F40；	直线插补至 X2 处，进给速度为 40mm/min，即切断工件
G00 X100；	快速定位至 X100 处
Z100；	快速定位至 Z100 处，此处省略 G00
T0100；	换 1 号刀并取消刀补值
M30；	程序结束

九、设定坐标系

操作方法如下。

1）选择 1 号刀，如 90°外圆车刀，不带刀补。

2）手动试切工件右端面，沿 X 轴正向退刀，然后在录入方式下，执行程序行"G50 Z0"，如图 1-11 所示。

3）继续试切工件直径一小段，沿 Z 轴正向退刀，停止主轴转动，用千分尺或游标卡尺测量试切后的工件直径值 a，然后在录入方式下，执行"G50 Xa；"，如图 1-12 所示。

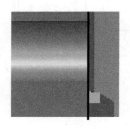

图 1-11　试切右端面

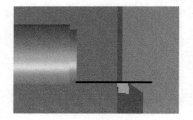

图 1-12　试切直径

十、对刀操作

加工一个零件通常需要几把不同的刀具，由于刀具安装偏差，每把刀转到切削位置时，其刀尖所处的位置并不完全重合。为使用户在编程时无需考虑刀具间偏差，GSK980T系统设置了刀具偏置自动生成的对刀方法，使对刀操作非常简单方便。对刀操作以后，用户在编程时只要根据零件图样及加工工艺编写程序，而不必考虑刀具间的偏差，只需在加工程序中调用相应的刀具补偿值。本系统设置了定点对刀、试切对刀、机床回零对刀等多种方式。

1. 定点对刀

进行定点对刀前，应该先建立工件坐标系。

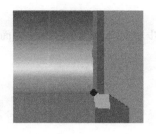

图1-13 定点对刀1

U 0.000
W 0.000

图1-14 坐标清零

1）选择任意一把刀，不带刀补。一般是加工中的第一把刀，此刀将作为基准刀。

2）将基准刀的刀尖定位到工件上某点（对刀点），如图1-13所示。

3）清除相对坐标（U、W），使其坐标值为零，如图1-14所示。

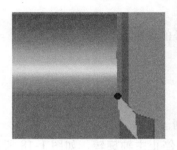

图1-15 定点对刀2

图1-16 刀补录入

4）按 刀补OFT 键、↑ 键、↓ 键，移动光标选择01偏置号，首先确定 X、Z 向的刀补量是否为零。如不为零，按下面方法清零：移动光标选择01号刀具偏置设置，分别输入"X0""Z0"，将刀补清零。

5）移动刀具到安全位置后，选择另外一把刀具（如02）并移动到对刀点，如图1-15所示。

6）按 刀补OFT 键，移动光标选择02偏置号，确定 X、Z 向的刀补量是否为零。

7）按地址键 U ，再按 输入IN 键，X 向刀补值被设置到相应的偏置号中，如图1-16所示。

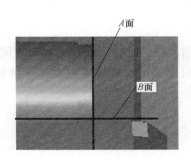

图1-17 试切对刀1

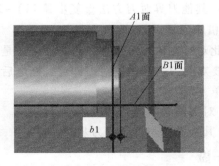

图1-18 试切对刀2

8）按地址键 W ，再按 输入IN 键，Z 向刀补值被设置到相应的偏置号中。

9）重复步骤 5~8，完成对其他刀具的刀补设置。

2. 试切对刀

在工件坐标系没有变动的情况下，可通过试切对刀，其操作步骤如下（以工件右端面中心为工件坐标系原点）。

1）选择任意一把刀（假定是 1 号刀），不带刀补。

2）在手动方式下，试切工件右端面，即沿 A 表面切削。

3）在 Z 轴不动的情况下沿 X 正方向退刀，并且停止主轴旋转。

4）按 刀补OFT 键进入刀偏页面显示方式，按 ⬆ 键、⬇ 键移动光标选择 101 号的偏置号。

5）键入 "Z0" 并按 输入IN 键。

6）在手动方式下，试切工件直径，即沿 B 表面切削。

7）在 X 轴不动的情况下，沿 Z 轴正方向退刀，并且停止主轴旋转，如图 1-17 所示。

8）测量试切后的直径值（假定直径为 30mm）。

9）重新进入刀偏页面显示方式，移动光标选择 101 号的偏置号。

10）键入 "X30" 并按 输入IN 键。

11）移动刀具至安全换刀位置。

12）换另一把刀（假定为 2 号刀），不带刀补。

13）在手动方式下，试切一小台阶，即沿 A1 表面切削。

14）在 Z 轴不动的情况下，沿 X 轴正方向退刀，并且停止主轴旋转，如图 1-18 所示。

15）测量 A1 面与工件坐标系之间的距离 "b1"（假定 $b1 = 1$）。

16）进入刀偏页面显示方式，移动光标选择 102 号的偏置号。

17）键入 "Z-1" 并按 输入IN 键。

18）在手动方式下，试切工件台阶，即沿 B1 表面切削。

19）在 X 轴不动的情况下，沿 Z 轴正方向退出刀具，并且停止主轴旋转。

20）测量试切后的台阶直径值（假定是 28mm）。

21）再次进入刀偏页面显示方式，移动光标选择 102 号的偏置号。

22）键入 "X28" 并按 输入IN 键。

23）其他刀具对刀方法重复步骤 11）~22）。

3. 机床回零对刀

用此对刀方法对刀不存在是基准刀还是非基准刀的问题，在刀具磨损或调整任何一把刀时，只要对此刀进行重新对刀即可。断电后再通上电只要回一次机床零点后即可继续加工，操作简单方便。

1）对刀前必须进行回机床零点操作。

2）其余操作与试切对刀步骤一样。

做一做

手动切削零件。

【任务实施】

本书中的每一个任务实施过程均参照图 1-19 进行。本书只拟定加工顺序，工、量具清单和参考程序，而仿真修改程序、工装、对刀、机床加工控制、尺寸检测等内容由操作者根据实际情况操作。

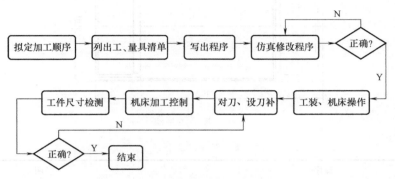

图 1-19　任务实施过程

1. 拟定加工顺序（表 1-4）

表 1-4　加工顺序

顺序	程序	刀具选择			加工内容	
		刀具号	名称及规格	方式	部位	
1		一夹一顶,夹工件左端,加工右端,伸出长约 85mm,找正,夹紧				
2	O0101	T01	90°外圆车刀	粗、精	外圆:ϕ44mm、ϕ48mm 长度:20mm,81mm	
		T02	3mm 切断刀,右后刀尖对刀	精	左端槽:3mm×1mm	
3		调头,夹工件右端,加工左端,伸出长约 30mm,找正,保证同轴度要求 0.015mm,夹紧				
4		T01 试切工件端面,保证总长 100mm,并重新设定工件坐标				
5	O0102	T01	90°外圆车刀	粗、精	外圆:ϕ44mm 长度:20mm	
		T02	3mm 切断刀,右后刀尖对刀	精	右端槽:3mm×1mm	

2. 拟定量具清单（表 1-5）

表 1-5　量具清单

序号	名　称	规　格	数量	备注
1	游标卡尺	0~125mm	1	测外圆、长度
2	游标深度卡尺	0~125mm	1	测长度
3	外径千分尺	25~50mm	1	测外圆
4	钢直尺	0~200mm	1	

3. 拟定参考加工程序

工件加工示意图如图 1-20 和图 1-21 所示，参考加工程序见表 1-6 和表 1-7。

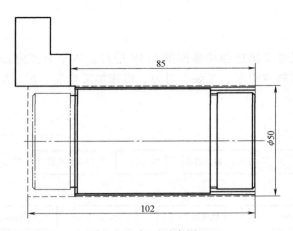

图 1-20　加工示意图 1

表 1-6　参考加工程序 1

程序	说明
O0101；	
T0101；	90°外圆车刀
G00 X100 Z100；	
M03 S500；	
G00 X50 Z2；	
X48.3；	
G01 Z－81 F100；	
X50；	
G00 Z2；	
X44.3	
G01 Z－20；	
X50；	
G00 Z2；	
M03 S800；	
G00 X42；	
G01 Z0 F60；	
X43.988 Z-1；	
Z-20；	
X47；	
X47.988 Z-20.5；	
Z-81；	
G00 X100 Z100；	
T0202；	3mm 切断刀，右刀尖对刀
M03 S500；	
G00 X50；	
Z-17；	
G01 X42 F50；	
G00 X100；	
Z100；	
M30；	

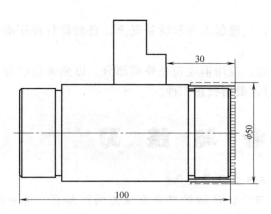

图 1-21　加工示意图 2

表 1-7　参考加工程序 2

程　序	说　明
O0102；	
T0101；	90°外圆车刀
G00 X100 Z100；	
M03 S500；	
G00 X50 Z2；	
X47；	
G01 Z－20 F100；	
X50；	
G00 Z2；	
X44.3；	
G01 Z－20；	
X50；	
G00 Z2；	
M03 S800；	
G00 X42；	
G01 Z0 F60；	
X43.988 Z-1；	
Z-20；	
X47；	
X47.988 Z-20.5；	
G00 X100 Z100；	
T0202；	3mm 切断刀,右刀尖对刀
M03 S500；	
G00 X50；	
Z-17；	
G01 X42 F50；	
G00 X100；	
Z100；	
M30；	

【经验总结】

1）操作数控车床时，应确保人身和设备安全，自动运行程序必须关闭安全门，严禁多人同时操作机床。

2）第二次装夹工件时，应用铜皮包裹外圆部分，以免夹伤已加工部位，并要检查伸出长度是否足够（＞10mm），最后找正工件。

1）机床回参考点的主要作用是什么？

2）数控车床定点对刀法、试切对刀法有误差吗？如有，请分析它们产生的原因是什么？你能提出减小对刀误差的措施吗？

【拓展训练】

用 G00、G01 代码编写图 1-22～图 1-26 所示零件的粗、精加工程序。

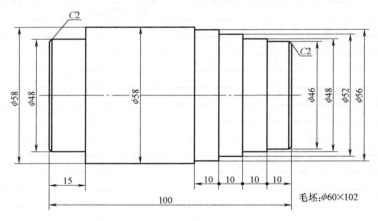

图 1-22　练习图一

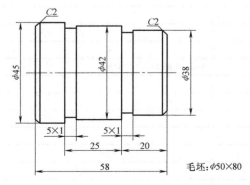

图 1-23　练习图二

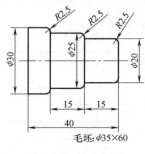

图 1-24　练习图三

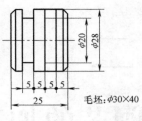

图 1-25 练习图四

毛坯：$\phi30\times40$

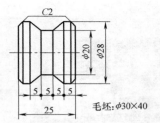

图 1-26 练习图五

毛坯：$\phi30\times40$

项目二

锥度阀芯的加工

对于切削余量不多的零件，如项目一的零件，刀具按零件轮廓直接进行精加工即可，用G00 和 G01 代码编程；但如果零件的切削余量较大，则要分粗、精加工。为简化编程，CNC系统可用单一和复合型的循环代码进行编程。

【学习目标】

1. 熟练掌握数控系统面板操作。
2. 理解和掌握单一循环代码（G90、G94）和复合型循环代码（G70、G71 ~ G73 等）。
3. 灵活运用所掌握的代码知识编写程序。
4. 掌握锥度尺寸计算方法。
5. 培养和提高安全操作意识，逐步培养数控专业兴趣和职业情感。

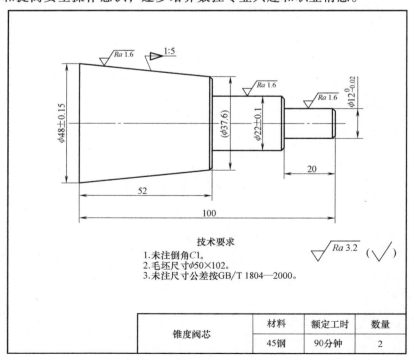

图 2-1　项目零件图

【项目描述】

项目描述与要求如图 2-1 和表 2-1 所示。

表 2-1　考核评分记录

序号	项目	配分	评分标准 （各项配分扣完为止）	检测 结果	扣分	得分
1	现场操作规范	10	不正确使用机床,酌情扣分			
2		5	不正确使用量具,酌情扣分			
3		5	不正确使用刃具,酌情扣分			
4		10	不正确进行设备维护保养,酌情 扣分			
5	总长（100±0.3）mm	8	每超差 0.1mm 扣 4 分			
6	外径 ϕ（48±0.15）mm	8	每超差 0.01mm 扣 4 分			
7	外径 ϕ（22±0.1）mm	8	每超差 0.05mm 扣 4 分			
8	外径 $\phi 20^{\ 0}_{-0.02}$ mm	10	每超差 0.01mm 扣 5 分			
9	长度 20mm	6	每超差 0.1mm 扣 4 分			
10	长度 52mm	6	每超差 0.1mm 扣 3 分			
11	倒角 C1（3 处）	6	每处不合格扣 3 分			
12	表面粗糙度值 $Ra1.6\mu m$（3 处）	18	每处降低一个等级扣 6 分			
13	考核时间		每超时 10min 扣 5 分			
	合计	100			总分：	

【知识链接】

在有些特殊的粗车加工中，由于切削量大，同一加工路线要反复切削多次，此时可利用固定循环代码（如 G90、G94），用一个程序段可实现通常由多个程序段（G00、G01）指令才能完成的加工动作；并且在重复切削时，只需改变相应的数值即可，对简化程序非常有效。

一、外（内）圆切削循环（G90）

格式：G90 X(U)__ Z(W)__ R __ F __ ;

功能：执行该代码时，可实现圆柱面、圆锥面的单一循环加工，循环完毕，刀具回起点位置，运行轨迹为：1→2→3→4，如图 2-2 所示，图中虚线（R）表示快速移动，实线（F）表示切削进给。在相对编程中，U 的正/负号取决于轨迹 1 的 X 方向，W 的正/负号取决于轨迹 2 的 Z 方向。

说明：

X、Z：循环终点（图 2-2 中 B 点）的绝对坐标，单位为 mm。

U、W：循环终点（图2-2中B点）相对循环起点（图2-2中A点）的坐标，单位为mm。

R：圆锥面切削起始点（图2-2中A点）与切削终点（图2-2中B点）处的半径差，单位为mm。

F：循环中，X、Z轴的合成进给速度，模态代码。

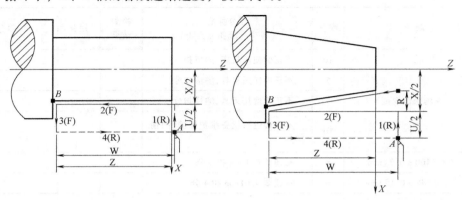

图 2-2　G90 运动轨迹

根据起刀点位置的不同，G90 代码有四种轨迹（$A \rightarrow B \rightarrow C \rightarrow D \rightarrow A$），如图2-3所示。其中：图 a、图 b 为加工外圆，而图 c、图 d 为加工内孔。

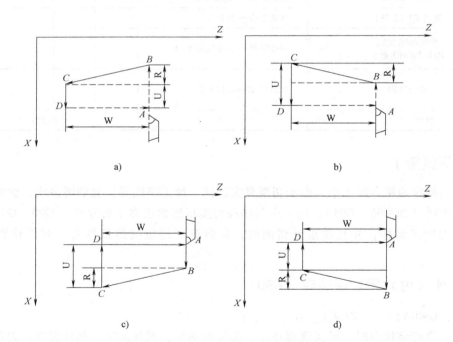

图 2-3　G90 四种运动轨迹

a）U＜0，W＜0，R＜0　b）U＜0，W＜0，R＞0但｜R｜≤｜U/2｜

c）U＞0，W＜0，R＜0但｜R｜≤｜U/2｜　d）U＞0，W＜0，R＞0

例：用 G90 代码编写图 2-4 所示零件的程序，毛坯尺寸：ϕ35mm；T01：90°外圆车刀，加工程序见表2-2。

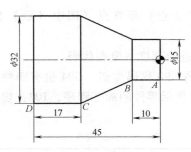

图 2-4　练习图 1

表 2-2　加工程序（G90）

程序	说明
O2001;	
T0101;	90°外圆车刀
M3 S600;	
G00 X35 Z5;	快速定位至（X35 Z5），即起点 A
G90 X32 Z-45 F80;	加工外圆柱：C→D
X15 Z-10;	加工外圆柱：A→B，省略 G90
G00 X35 Z-10;	快速定位至（X35 Z-10），即起点 B
G90 X32 Z-28 R-8.5 F80;	加工外圆锥：B→C，注：R 为负值
M30;	

二、端面车削循环（G94）

格式：G94 X(U)＿ Z(W)＿ R ＿ F ＿；

功能：执行该代码时，可进行端面的单一循环加工，循环完毕刀具回起点位置，运行轨迹：1→2→3→4，如图 2-5 所示。

说明：

X、Z：循环终点（图中 B 点）绝对坐标，单位为 mm；

U、W：循环终点（图中 B 点）相对循环起点（图中 A 点）的坐标，单位为 mm；

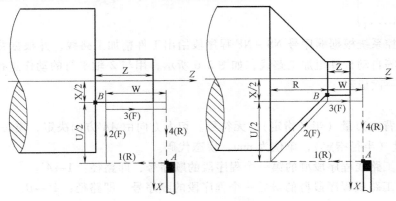

图 2-5　G94 运动轨迹

R：端面切削起始点（图中 *A* 点）至终点（图中 *B* 点）位移在 *Z* 轴方向的坐标分量，单位为 mm；

F：循环中 *X*、*Z* 轴的合成进给速度，模态代码。

根据起刀点位置的不同，同 G90 代码类似，G94 也有四种轨迹。

例：用 G94 代码改写图 2-4 所示零件的加工程序，T02：切断刀，左刀尖对刀。加工程序见表 2-3。

表 2-3　加工程序（G94）

程序	说明
O2002；	
T0202；	切断刀,左刀尖对刀
M3 S600；	
G00 X35 Z5；	快速定位至(X35 Z5),即起点 *A*
G94 X32 Z-45 F80；	加工外圆柱: *C*→*D*
X15 Z-10；	加工外圆柱: *A*→*B*,省略 G90
G00 X32 Z5；	快速定位至(X35 Z5),即起点 *B*
G94 X15 Z-10 R-18 F80；	加工外圆锥: *B*→*C*,注意: *R* 为负值
M30；	

为进一步简化编程，系统提供多个复合型固定循环代码（如 G70、G71～G73），编程时只需指定精加工路线和粗加工时的背吃刀量等数据，系统就会自动计算加工路线和走刀次数。

三、外（内）圆粗车循环（G71）

格式：G71 U（Δd）R（e）；

G71 P（NS）Q（NF）U（Δu）W（Δw）F S T；

N（NS）……；

……；

……F；

……S；　精加工路线程序段，即图 2-6 所示中点：*A*→*A'*→*B*→*A* 的路径。

……T；

…

N（NF）……；

功能：数控系统根据顺序号 NS～NF 程序段给出工件精加工路线，并根据背吃刀量、进给量与退刀量等自动计算粗加工路线，如图 2-6 所示，用与 *Z* 轴平行的动作进行切削。对于非成形棒料可一次成形。

说明：

Δd：每次背吃刀量（半径指定），无符号。切入方向由 *AA'* 方向决定，模态代码。

e：退刀量（半径指定），单位为 mm，模态代码。

NS：精加工路线程序段群的第一个程序段的顺序号，即路径：*A*→*A'*。

NF：精加工路线程序段群的最后一个程序段的顺序号，即路径：*A'*→*B*。

Δu：*X* 轴方向精加工余量的距离及方向。

Δw：Z 轴方向精加工余量的距离及方向。

F：切削进给速度。

S：主轴的转速。

T：刀具及刀补号。

注：1）Δd、Δu 都用同一地址 U 指定，可根据该程序段有无指定 P、Q 来区别。

2）循环动作由 P、Q 指定的精加工路线程序段群进行。

3）在 G71 循环中，顺序号 NS～NF 之间程序段中的 F、S、T 功能都无效，但对 G70 代码循环有效。

4）在 NS 行程序段中，只能出现 X 轴数据，即，"G00/G01 X ___；"，如出现 Z 轴数据则提示出错。

根据切入方向的不同，G71 代码轨迹有四种情况（图 2-7），无论哪种都是根据刀具平行 Z 轴移动进行切削的，Δu、Δw 的符号规定如下：U（＋）为加工外圆，而 U（－）为加工内孔。

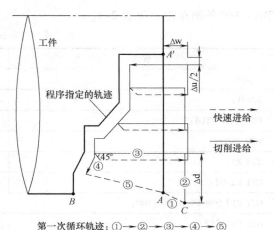

第一次循环轨迹：①→②→③→④→⑤

图 2-6　G71 运动轨迹

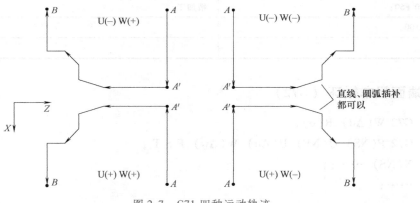

图 2-7　G71 四种运动轨迹

四、精加工循环（G70）

格式：G70　P（NS）　Q（NF）；

功能：执行该指令时，刀具从起始位置沿着顺序号 NS～NF 之间精加工路线程序段群进行精加工。在用 G71 等复合型循环代码进行粗加工后，可以用 G70 代码进行精车。

说明：NS、NF 的含义同 G71 一致。G70 代码轨迹由顺序号 NS～NF 之间程序段的编程轨迹决定。

注：1）当 G70 循环加工结束时，刀具返回到起点并读下一个程序段。

2）G70 代码可含有 S、T、F 代码，M 代码中只有 M30 指令与 G70 指令共段时有效，其他 M 代码与其共段无效。

3）P、Q 代码指定的地址在同一程序中应为单一的，不应重复指定。如果一个程序中定义了相同的顺序号，系统会运行 G70 相邻的精车程序段。

例：用 G71、G70 代码编写图 2-4 所示零件的粗、精加工程序。毛坯尺寸：φ35mm，

T01：90°外圆车刀，见表2-4。

表2-4　加工程序（G71、G70）

程序	说明
O2003；	
T0101；	90°外圆车刀
G00 X100 Z100；	
M03 S500；	
X35 Z5；	快速定位至（X35 Z5）处，即固定循环起点 A（图2-7）
G71 U2 R1；	外（内）圆粗加工循环代码
G71 P10 Q30 U0.3 W0 F100；	
N10 G00 X15；	NS 行，快速定位至（X15）处，即 A→A'（图2-7）
G01 Z-10；	
X32 Z-28；	精加工程序群
N30 Z-50；	NF 行，直线插补至（Z-50），即 A'→B（图2-7）
M03 S800；	主轴正转，转速为 800r/min
G70 P10 Q30 F60；	精加工
G00 X100 Z100；	
M30；	

五、端面粗车循环（G72）

格式：G72 W(Δd) R(e)；
　　　G72 P(NS) Q(NF) U(Δu) W(Δw) F S T；
　　　N(NS) ……；
　　　……；
　　　……F；
　　　……S；精加工路线程序段，即图2-8 中 A→A'→B→A 的路径。
　　　……T；
　　　…
　　　N(NF) ……；

功能：根据顺序号 NS～NF 之间程序段给出工件精加工路线，并根据背吃刀量、进给量与退刀量等自动计算粗加工路线，用与 X 轴平行的动作进行切削。对于非成形棒料可一次成形。

说明：

Δd：每次背吃刀量，无符号。切入方向由 AA'方向决定，其余参数含义与 G71 一致。

注：在 G72 代码的 NS 行程序段中，只能出现 Z 轴数据，它与 G71 代码规定相反，即"G00/G01 Z __；"如出现 X 轴数据则提示出错。

根据切入方向的不同，G72 代码轨迹有四种情况（图2-9），无论哪种都是根据刀具平行 X 轴移动进行切削的，Δu、Δw 的符号如图2-9所示。

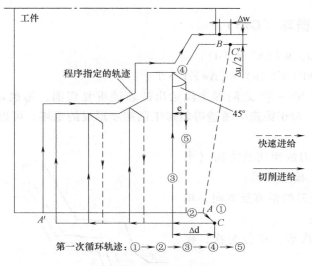

图 2-8 G72 运动轨迹

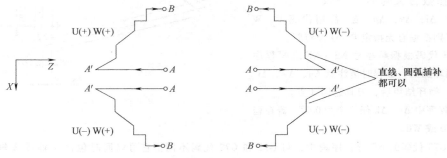

图 2-9 G72 四种运动轨迹

例：用 G72、G70 代码改写图 2-4 所示零件的粗、精加工程序（表 2-5），毛坯尺寸：
ϕ35mm，T02：切断刀，刀宽 3mm，左刀尖对刀。

表 2-5 加工程序（G72、G70）

程序	说明
O2004；	
G00 X100 Z100；	
M03 S500；	
T0202；	切断刀，刀宽 3mm，左刀尖对刀
X35 Z5；	快速定位至（X35 Z5）处，即固定循环起点 A
G72 W2.5 R1；	端面粗加工循环代码
G72 P20 Q40 U0.3 W0 F100；	
N20 G00 Z − 45；	NS 行，快速定位至（Z − 45）处，即 A→A'
G01 X32；	精加工程序群
X32 Z − 28；	
N40 Z0；	NF 行，直线插补至（Z0），即 A'→B
M03 S800；	主轴正转，转速为 800r/min
G70 P20 Q40；	精加工
G00 X100 Z100；	
M30；	

六、封闭切削循环（G73）

格式：G73 U(Δi) W(Δk) R (d)；

G73 P(NS) Q(NF) U(Δu) W(Δw) F S T；

功能：按顺序号 NS～NF 之间程序段给出的轨迹重复切削，每次切削刀具向前移动一次，如图 2-10 所示。对于锻造、铸造等粗加工已初步形成的毛坯，可以高效率地加工。

说明：

Δi：X 轴方向退刀的距离及方向（半径值），单位为 mm，模态代码；

Δk：Z 轴方向退刀的距离及方向，单位为 mm，模态代码；

d：封闭切削的次数，单位为次，模态代码。

其余参数含义与 G71 一致。

注：1）Δi，Δk，Δu，Δw 都用代码 U、W 指定，其区别根据有无指定 P、Q 来判断。

2）G73 代码根据顺序号 NS～NF 之间程序段来实现循环加工，编程时请注意 Δu、Δw、Δi、Δk 的符号。循环结束后，刀具返回 A 点。

3）当程序中 Δi、Δk 任一个为 0 时，需在程序中编入 U0 或 W0。

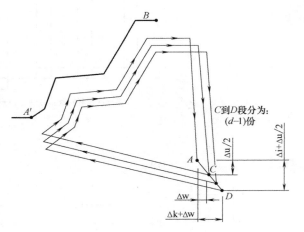

图 2-10　G73 运动轨迹

4）在 G73 代码的 NS 行程序段中，与 G71 和 G72 代码不同，它可以同时包含 X 轴或 Z 轴数据，即 "G00/G01 X __ Z __；"。

例：用 G73 代码编写图 2-11 所示零件程序，毛坯：锻件或铸件；T01：90°外圆车刀，见表 2-6。

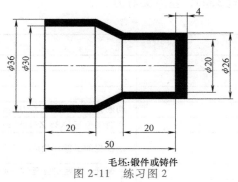

毛坯:锻件或铸件

图 2-11　练习图 2

表 2-6　加工程序（G73、G70）

程序	说明
O2005；	
T0101；	90°外圆车刀
G00 X100 Z100；	
M03 S500；	

（续）

程序	说明
X38 Z5；	快速定位至（X38 Z5）处，即固定循环起点 A（图 2-10）
G73 U3 W4 R3；	封闭粗加工循环代码
G73 P50 Q60 U0.3 W0 F100；	
N50 G00 X20 Z0；	NS 行，快速定位至（X20 Z0）处，即 $A \to A'$（图 2-10）
G01 Z-20；	精加工程序群
X30 Z-30；	
N60 Z-50；	NF 行，直线插补至（Z-50），即 $A' \to B$（图 2-10）
M03 S800；	主轴正转，转速为 800r/min
G70 P50 Q60 F60；	精加工
G00 X100 Z100；	
M30；	

想一想

G71、G72 及 G73 代码的联系和区别是什么？

七、端面深孔加工循环（G74）

格式：G74 R（e）；

G74 X（U）Z（W）P（Δi）Q（Δk）R（Δd）F；

功能：根据程序段所确定的切削终点（程序段中 X 轴和 Z 轴坐标值所确定的点）以及 e、Δi、Δk 和 Δd 的值来决定刀具的运行轨迹。在此循环中，可以处理外形切削的断屑。另外，如果省略 X（U）、P，只是 Z 轴动作，则为深孔钻循环，轨迹如图 2-12 所示。

说明：

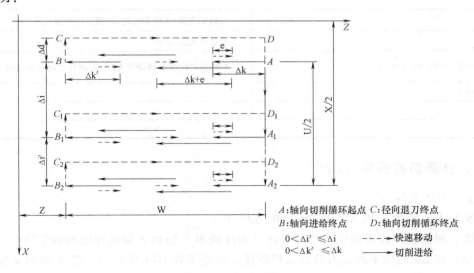

图 2-12　G74 运动轨迹

e：每次沿 Z 轴方向切削 Δk 后的退刀量，模态代码。

X：切削终点 $B2$ 的 X 轴方向的绝对坐标值，单位为 mm。

U：切削终点 $B2$ 与起点 A 的 X 轴方向绝对坐标的差值，单位为 mm。

Z：切削终点 $B2$ 的 Z 轴方向的绝对坐标值，单位为 mm。

W：切削终点 $B2$ 与起点 A 的 Z 轴方向绝对坐标的差值，单位为 mm。

Δi：X 轴方向的每次循环移动量（无符号、半径值），单位为 mm。

Δk：Z 轴方向的每次切削移动量（无符号），单位为 mm。

Δd：切削到终点时 X 轴方向的退刀量（半径值），单位为 mm。

F：切削进给速度。

注：1）e 和 Δd 都用代码 R 指定，它们的区别在于有无指定 Z（W），也就是说，如果 X（U）被指定了，则为 Δd；如果没有指定 X（U），则为 e。

2）循环动作用含 Z（W）和 Q（Δk）的 G74 程序段执行，如果仅执行"G74 R（e）"程序段，则循环动作不执行。

例：用 G74 代码编写图 2-13 所示零件的程序，T01：端面车槽刀，刀宽 2mm，见表 2-7。

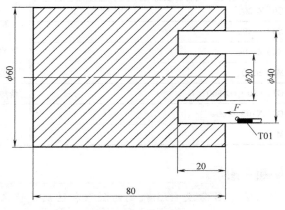

图 2-13　练习图 3

表 2-7　加工程序（G74）

程序	说明
O2006；	
T0101；	端面车槽刀，刀宽 2mm，后刀尖对刀
G00 X100 Z100；	
M03 S500；	
X36 Z5；	快速定位至（X36 Z5）处，即固定循环起点 A
G74 R1；	指定 Z 向退刀量
G74 X20 Z-20 P2 Q3.5 R0 F50；	X 轴的每次循环移动量 4mm，Z 轴每次循环移动量 3.5mm
G00 Z100；	
X100；	
M30；	

八、外圆切槽循环（G75）

格式：G75 R（e）；

G75 X（U）Z（W）P（Δi）Q（Δk）R（Δd）F ；

功能：根据程序段所确定的切削终点（程序段中 X 轴和 Z 轴坐标值所确定的点），以及 e、Δi、Δk 和 Δd 的值来决定刀具的运行轨迹。相当于在 G74 代码中，把 X 轴和 Z 轴调换，在此循环中，可以进行端面切削的断屑处理，并且对外径进行沟槽加工和切断加工（省略

Z、W、Q）。轨迹如图2-14所示。

说明：

e：每次沿 X 轴方向切削 Δi 后的退刀量，模态代码。其余参数含义与 G74 一致。G74、G75 代码都可用于切断、切槽或孔加工，可以使刀具进行自动退刀。

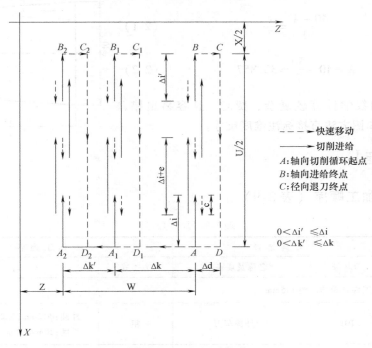

图 2-14　G75 运动轨迹

注：1）e 和 Δd 都用 R 指定，它们的区别在于有无指定 X（U），如果 X（U）被指定了，应指定 Δd；如果没有指定 X（U），则应指定 e。

2）循环动作用含 X（U）指定的 G75 代码进行。

例：用 G75 代码编写图2-15所示零件程序。T01：切断刀；刀宽4mm，左刀尖对刀，见表2-8。

表 2-8　加工程序（G75）

程序	说明
O2007；	
T0101；	切断刀,刀宽4mm,左刀尖对刀
G00 X100 Z100；	
M03 S500；	
X65 Z-18；	快速定位至（X65 Z－18）处，即固定循环起点 A
G75 R1；	指令 X 向退刀量
G75 X20 Z-65 P2 Q3.5 R0 F50；	X轴的每次循环移动量2mm（半径），Z轴每次循环移动量3.5mm
G00 Z100；	
X100；	
M30；	

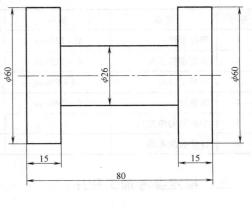

图 2-15　练习图 4

九、有关锥度尺寸的计算

计算图 2-16 所示的 X 数值。

根据锥度定义，列式：

$$\frac{40-X}{50}=\frac{1}{7} \qquad (2-1)$$

可得

$$X=40-\frac{50}{7}\approx32.857 \qquad (2-2)$$

人工换算和数学计算较复杂、费时，且容易出错，现通常用 CAD 作图方法直接标注锥度尺寸。

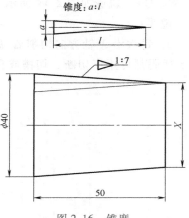

图 2-16 锥度

【任务实施】

一、拟定加工顺序（表 2-9）

表 2-9 加工顺序

顺序	程序	刀具选择		加工内容	
		刀具号	名称及规格	方 式	部 位
1		一次装夹,工件右端伸出约115mm			
2		T01	90°外圆车刀	粗	外圆:ϕ12mm、ϕ22mm 和圆锥 长度:20mm,28mm,105mm
3	O0201	T02	35°外圆车刀（尖刀）	精	外圆:ϕ12mm、ϕ22mm 和圆锥 长度:20mm,28mm,105mm
4		T03	切断刀,刀宽 3mm	切断	总长:100mm

二、拟列出量具清单（表 2-10）

表 2-10 量具清单

序号	名称	规格	数量	备注
1	游标卡尺	0～125mm	1	测外圆、长度
2	深度游标卡尺	0～125mm	1	测长度
3	外径千分尺	25～50mm	1	测外圆
4	钢直尺	0～200mm	1	
5	游标万能角度尺		1	测 1:5 锥度
6	百分表及表座		1	找正

三、拟定参考加工程序

工件加工示意图如图 2-17 所示，参考加工程序见表 2-11。

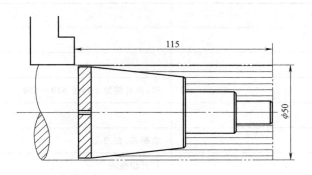

图 2-17 加工示意图一

表 2-11 参考加工程序

程 序	说 明
O0201；	
T0101；	90°外圆车刀
G00 X100 Z100；	
M03 S500；	
G00 X50 Z2；	
G71 U2 R1；	
G71 P10 Q20 U0.3 W0 F100；	注：此时精加工路径 N10～N20
N10 G00 X10；	
G01 Z0 F60；	
X11.99 Z－1；	
Z－20；	
X20；	
X22 Z－21；	
Z－48；	
X35.6	
X37.8 Z－49；	
X48 Z－100；	
N20 Z－105；	
G00 X100 Z100；	
T0202；	35°尖刀

（续）

程　序	说　明
M03 S800；	
X50 Z2；	
G70 P10 Q20；	注：此时精加工路径 N10～N20
G00 X100 Z100；	
T0303；	切断刀，右刀尖
S400 M03 M08；	打开切削液
X52 Z－100	
G01 X40 F40；	
G0 U12；	
G01 W－2；	
X30；	
G0 U12；	
G01 W2；	
X20；	
G0 U12；	
G01 W－2；	
X10；	
G0 U12；	
G01 W2；	
X2；	
G00 X100；	
Z100；	
T0100；	
M30；	

【经验总结】

1）在自动加工过程中，应根据材料、刀具及工件的表面质量，按倍率修调按钮
 ─ 100% ＋ ，调整切削用量。

2）在对刀前，刀具磨损应置"0"，试切后或加工若干工件后应及时修调刀具偏置数据，如编程尺寸 X、Z，但经实测后有误差 ＋Δx 或 －Δx，＋Δz 或 －Δz，此时可按刀具磨损

补偿或刀架平移量来修改刀补数据。

第一次对刀操作和设定刀补数据以后，如重新安装毛坯，需要重新对刀吗？如某一把刀具重磨后，装上后需要重新对刀吗？为什么？

【拓展训练】

用循环代码编写图 2-18 ~ 图 2-23 所示工件的粗、精加工程序，除注明外，毛坯长度均为 150mm。

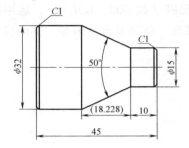

图 2-18　练习图一

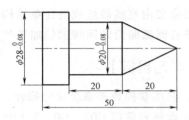

图 2-19　练习图二

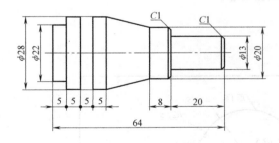

图 2-20　练习图三

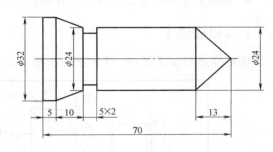

图 2-21　练习图四

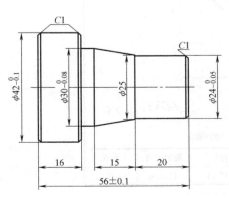

图 2-22　练习图五

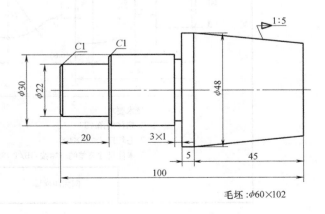

毛坯：$\phi 60 \times 102$

图 2-23　练习图六

项目三

圆弧曲面轴的加工

在前述项目一、二中,我们主要学习了加工循环 G 代码（如 G00、G01 等）,运用这些代码能完成由直线段组成的简单结构轴的加工,如加工端面、外圆及台阶轴等。下面我们来学习带有圆弧曲面的回转轴的加工代码和编程方法。

【学习目标】

1. 熟练掌握数控系统面板操作。
2. 理解和掌握 G02、G03 及 G04 代码。
3. 灵活运用所学知识编写加工程序。
4. 提高安全操作意识,逐步培养数控加工职业情感。

【项目描述】

项目描述与要求如图 3-1 和表 3-1 所示。

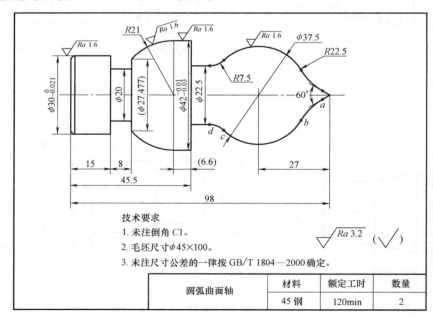

图 3-1　项目零件图

表 3-1 考核评分记录

序号	项 目	配分	评分标准 （各项配分扣完为止）	检测结果	扣分	得分
1	现场操作规范	10	不正确使用机床,酌情扣分			
2		5	不正确使用量具,酌情扣分			
3		5	不正确使用刃具,酌情扣分			
4		10	不正确进行设备维护保养,酌情扣分			
5	总长 (98 ± 0.3) mm	4	每超差 0.1mm 扣 2 分			
6	外径 $\phi 42 _{-0.03}^{-0.01}$ mm	8	每超差 0.01mm 扣 4 分			
7	外径 $\phi 30 _{-0.021}^{0}$ mm	8	每超差 0.01mm 扣 4 分			
8	外径 $\phi 22.5$ mm	6	每超差 0.05mm 扣 3 分			
9	外径 $\phi 20$ mm	4	每超差 0.05mm 扣 2 分			
10	槽宽 8mm	4	每超差 0.1mm 扣 2 分			
11	长度 (45.5 ± 0.3) mm	4	每超差 0.1mm 扣 2 分			
12	长度 (15 ± 0.2) mm	4	每超差 0.1mm 扣 2 分			
13	圆弧 $R22.5$ mm	5	每超差 0.05mm 扣 3 分			
14	圆弧 $\phi 37.5$ mm	5	每超差 0.05mm 扣 3 分			
15	圆弧 $R7.5$ mm	5	每超差 0.05mm 扣 3 分			
16	圆弧 $R21$ mm	5	每超差 0.05mm 扣 3 分			
17	表面粗糙度值 $Ra1.6 \mu m$（4 处）	8	每处降低一个等级扣 2 分			
18	考核时间		每超时 10min 扣 5 分			
合计		100			总分：	

【知识链接】

一、顺/逆时针方向圆弧插补（G02/G03）

格式：G02 X（U）__ Z（W）__ R__ F__；（顺时针方向圆弧插补）

G03 X（U）__ Z（W）__ R__ F__；（逆时针方向圆弧插补）

功能：从起点位置以 R 指定值为半径的圆，顺时针/逆时针方向圆弧插补至 X（U）、Z（W）指定的终点位置，如图 3-2 和图 3-3 所示。

说明：

X（U）：X 向圆弧插补终点的绝对（相对）坐标。

Z（W）：Z 向圆弧插补终点的绝对（相对）坐标。

R：圆弧半径，R 为非模态代码，必须每行都要加上。

F：圆弧切削速度。

顺时针或逆时针方向与采用前刀座坐标系还是后刀座坐标系有关，如图 3-4 所示。本书采用前刀座坐标系，后面的图例均以此编程。

注：有一个简易口决方便记忆圆弧的顺/逆时针方向，如果走刀方向从右至左，凸是"山"，"山"是

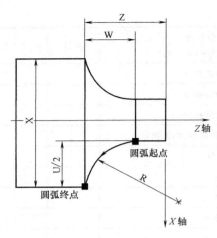

图 3-2　G02 运动轨迹

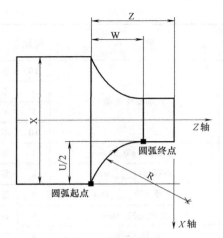

图 3-3　G03 运动轨迹

"3"，即凸圆弧是 G03，反之，凹圆弧是 G02。如果从左至右，与上述相反。

例：用 G02 代码编写图 3-5 所示零件的外轮廓精加工程序见表 3-2。

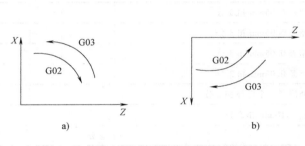

图 3-4　顺/逆时针方向圆弧插补

a）后刀座坐标系　b）前刀座坐标系

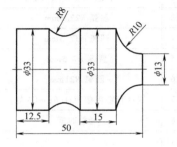

图 3-5　练习图 1

表 3-2　加工程序（G02）

绝对坐标	相对坐标
G02 X33 Z-10 R10 F100；起点（X13 Z0）	G02 U20 W-10 R10 F100；起点（X13 Z0）
G01 Z-25；	G01 W-15；
G02 Z-37.5 R8；	G02 U0 W-12.5 R8；
G01 Z-50；	G01 W-12.5

例：用 G03 代码编写图 3-6 所示零件的外轮廓精加工程序，见表 3-3。

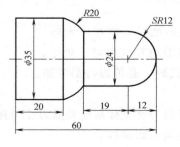

图 3-6　练习图 2

表3-3　加工程序（G03）

绝对坐标	相对坐标
G03 X24 Z-12 R12 F100；　起点（X0 Z0）	G03 U24 W-12 R12 F100；　起点（X0 Z0）
G01 Z-31；	G01 W-19；
G03 X35 Z-40 R20；	G03 U11 W-9 R20；
G01 Z-60；	G01 W-20

二、任意角度倒角/拐角圆弧

格式：C ＿＿；（倒角）

　　　B ＿＿；（拐角圆弧过渡）

功能：上面的代码加在直线插补（G01）或圆弧插补（G02、G03）程序段末尾时，加工中自动在拐角处加工出倒角或过渡圆弧。

说明：

倒角在 C 之后，指定从虚拟拐点到拐角起点和终点的距离，虚拟拐点是假定不执行倒角时，实际存在的拐角点，如图3-7所示。

拐角圆弧过渡在 B 之后，指定拐角圆弧的半径，如图3-8所示。

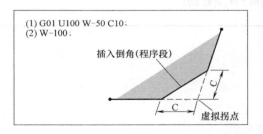

图3-7　C 倒角

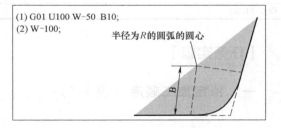

图3-8　B 拐角圆弧过渡

应用这两个代码有以下限制：

1）指定倒角和拐角圆弧过渡的程序段之后必须跟随一个直线插补（G01）或圆弧插补（G02 或 G03）程序段，如下段不包括这些代码，则倒角和拐角圆弧过渡不起作用。

2）插入的倒角或拐角圆弧过渡程序段不能超过刀具原插补移动的范围。

3）倒角值和拐角值不能为负数。

三、暂停（G04）

格式：G04 P ＿＿；（单位：0.001s）

　　　或 G04 X ＿＿；（单位：1s）

功能：G04 执行暂停操作，按指定的时间延时执行下个程序段，非模态代码。当代码 P 与代码 X 共段时，X 有效，P 无效。

G04 代码对于保证加工精度及在切槽、钻孔改变较大的运动等方面都有很好的作用，常用于以下几种情况。

1）切槽、钻/镗孔时为了保证槽底、孔底的尺寸及表面粗糙度值应设置 G04 指令。

2）当运行方向改变较大或速度变化很大时，应在改变运行方向或速度的指令间设置 G04 指令。

3）利用 G04 指令进行断屑处理，根据粗加工的切削要求，可对连续运动轨迹进行分段加工安排，每相邻加工段中间用 G04 指令将其隔开。加工时，刀具每进给一段后，即安排所设定较短的延时时间（如 3s）实施暂停，紧接着再进给一段，直至加工结束。其分段数的多少，视断屑要求而定，当断屑不够理想时，要增加分段数。

例：编写图 3-6 所示工件的切断程序，T02：切断刀，刀宽 3mm，右刀尖对刀，见表 3-4。

表 3-4　加工程序（G04）

程　　序	说　　明
T0202 S400 M03；	T02:切断刀,刀宽3mm,右刀尖对刀
G00 X40；	
Z-60；	
G01 X25 F50；	
X30；	省略 G01
G04 X3；	暂停 3s
X15；	省略 G01
X20；	省略 G01
G04 X3；	暂停 3s
X2；	切断工件,省略 G01
G00 X100；	

【任务实施】

一、拟定加工顺序（表 3-5）

表 3-5　加工顺序

顺序	程序	刀具选择		加工内容	
		刀具号	名称及规格	方式	部　位
1		夹工件右端,加工左端,伸出长约 30mm,找正,夹紧			
2	O0301	T01	90°外圆车刀	粗、精	外圆:φ30mm、φ42mm 长度:15mm
				粗	外圆:φ42mm;圆弧:R21mm 长度:46mm
		T02	3mm 切断刀,右刀尖对刀	粗、精	槽:8×φ20mm
		T03	35°外圆车刀(尖刀)	精	外圆:φ42mm;圆弧:R21mm 长度:46mm
3		掉头,夹工件左端 φ30mm,加工右端,伸出长约 80mm			
4		T01 试切工件端面,保证总长 98mm,并重新设定工件坐标			
5	O0302	T01	90°外圆车刀	粗	凸圆弧:R22.5mm、R18.75mm 长度:15mm
		T02	3mm 切断刀,右刀尖对刀	粗	凹圆弧:R7.5mm;外圆:φ22.5mm
		T03	35°外圆车刀(尖刀)	精	右端外轮廓,长度 52.5mm

二、拟列出量具清单（表3-6）

表3-6　量具清单

序号	名　称	规　格	数量	备　注
1	游标卡尺	0～125mm	1	测外圆
2	外径千分尺	25～50mm	1	测外圆
3	钢直尺	0～200mm	1	
4	游标万能角度尺		1	测60°

三、计算节点的坐标值

利用 CAD 软件（AutoCAD 或 CAXA 电子图板）绘制图 3-1 中的曲线轮廓，并标注 $a \sim d$ 节点的直径和长度尺寸，得其节点坐标，见表3-7。

表3-7　节点坐标

节点坐标	a	b	c	d
X	3.244	19.189	26.786	22.5
Z	-2.809	-10.891	-40.122	-45.371

四、拟定参考加工程序

工件加工示意图如图 3-9 所示，参考加工程序见表3-8。

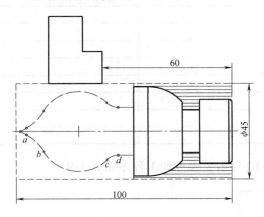

图 3-9　加工示意图 1

表3-8　参考加工程序 1

程　序	说　明
O0301;	
T0101;	90°外圆车刀
G00 X100 Z100;	
M03 S500;	
G00 X45 Z2;	
G71 U2 R1;	
G71 P10 Q30 U0.3 W0 F100;	

（续）

程 序	说 明
N10 G00 X28；	
G01 Z0 F60；	
X30 Z-1；	
N20 Z-24.18；	
G03 X42 Z-38.88 R21；	凸圆弧 R21mm
N30 G01 Z-46；	
M03 S800；	
G70 P10 Q20 F60；	
G00 X100 Z100；	
T0202；	3mm 切断刀，右刀尖对刀
M03 S500；	
G00 X32 Z-20；	
G01 X20.3 F50；	切槽，为 G72 退刀预留位置
G00 X32；	
G72 W2 R1；	
G72 P40 Q50 U0.3 W0 F50；	
N40 G00 Z-15；	
G01 X20；	
N50 Z-20；	
G00 X100 Z100；	
T0303；	35°外圆车刀（尖刀）
M03 S800；	
G00 Z-23；	
X27.477；	
G03 X42 Z-38.88 R21 F50；	
G01 Z-46；	
G00 X100；	
Z100；	
M30；	

工件加工示意图如 3-10 所示，参考加工程序见表 3-9。

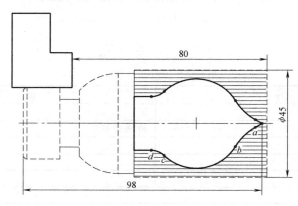

图 3-10　加工示意图 2

表 3-9 参考加工程序 2

程　　序	说　　明
O0302；	
G00 X100 Z100；	
M03 S500；	
T0101；	90°外圆车刀
G00 X40 Z2；	
G71 U2 R1；	
G71 P10 Q20 U0.3 W0 F100；	
N10 G00 X0；	
G01 Z0 F60；	
X3.244 Z-2.809；	
G02 X19.189 Z-10.891 R22.5；	
G03 X37.5 Z-27 R18.75；	
N20 G01 Z-52.5；	
G00 X100 Z100；	
T0202；	3mm 切断刀,右刀尖对刀
G00 X44；	
Z-49.5；	
G01 X23 F50；	
G00 X44；	
G72 W2 R1；	
G72 P30 Q40 U0.3 W0 F50	
N30 G00 Z-27；	
G01 X37.5；	
G03 X26.786 Z-40.122 R18.75；	
G02 X22.5 Z-40.122 R7.5；	
N40 G01 Z-49.5；	
G00 X100 Z100；	
T0303；	35°外圆车刀(尖刀)
M03 S800；	
G00 X0；	
Z2；	
G01 Z0 F60；	
X3.244 Z-2.8；	
G02 X19.189 Z-10.891 R22.5；	
G03 X26.786 Z-40.122 R18.75；	
G02 X22.5 Z-45.371 R7.5；	
G01 Z-52.5；	
X40；	
X42 Z-53.5；	
G00 X100；	
Z100；	
M30；	

【拓展训练】

编写图 3-11 ~ 图 3-22 所示工件的粗、精加工程序，除注明长度的图样外，毛坯长度均为 150mm。

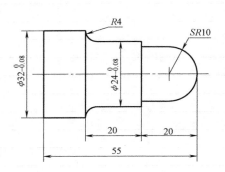

图 3-11　练习图一

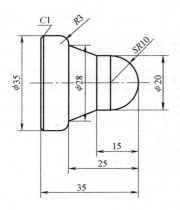

图 3-12　练习图二

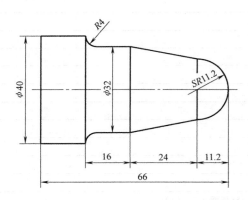

图 3-13　练习图三

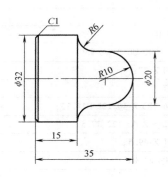

图 3-14　练习图四

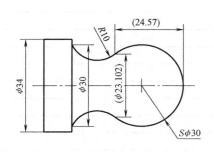

图 3-15　练习图五

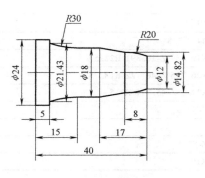

图 3-16　练习图六

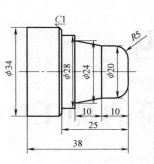

图 3-17　练习图七

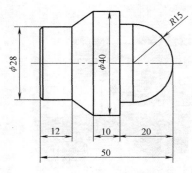

图 3-18　练习图八

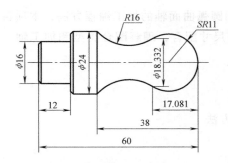

图 3-19　练习图九

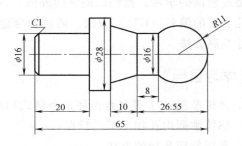

图 3-20　练习图十

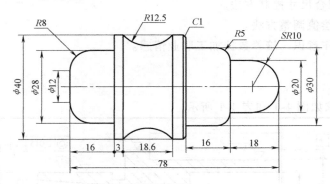

图 3-21　练习图十一

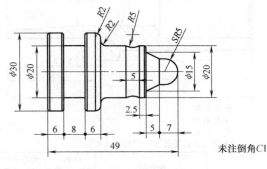

未注倒角C1

图 3-22　练习图十二

项目四

轴套筒的加工

通过前面的学习，我们已经掌握外圆、台阶和圆弧曲面轴的加工编程方法，本项目将学习内孔加工的编程（G71）方法。通过轴与套筒的尺寸配合，理解配合类型和加工轴、孔时的尺寸控制方法。

【学习目标】

1. 熟练掌握 G71 等复合循环指令格式和编程方法。
2. 熟练掌握内孔加工工艺特点。
3. 掌握检测孔径的方法。
4. 掌握孔/轴配合尺寸控制方法。
5. 掌握刀具补偿值调整方法。
6. 养成安全操作意识，培养数控加工职业情感。

【项目描述】

项目描述与要求如图 4-1 和表 4-1 所示。

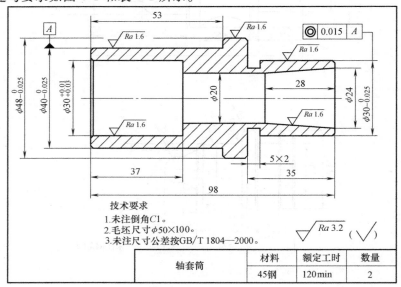

图 4-1　项目零件图

表 4-1　考核评分记录

序号	项　　目	配分	评分标准 (各项配分扣完为止)	检测结果	扣分	得分
1	现场操作规范	10	不正确使用机床,酌情扣分			
2		5	不正确使用量具,酌情扣分			
3		5	不正确使用刀具,酌情扣分			
4		10	不正确进行设备维护保养,酌情扣分			
5	总长(98 ± 0.3)mm	4	每超差 0.1mm 扣 2 分			
6	外径$\phi 48_{-0.025}^{0}$mm	6	每超差 0.01mm 扣 3 分			
7	外径$\phi 40_{-0.025}^{0}$mm	6	每超差 0.01mm 扣 3 分			
8	外径$\phi 30_{-0.025}^{0}$mm	6	每超差 0.01mm 扣 3 分			
9	内径$\phi 30_{+0.03}^{+0.01}$mm	6	每超差 0.01mm 扣 3 分			
10	内/外径$\phi 30$mm 配合	6	间隙配合得分			
11	内径$\phi 20$mm	4	每超差 0.05mm 扣 2 分			
12	内径$\phi 24$mm	4	每超差 0.05mm 扣 2 分			
13	长度(35 ± 0.3)mm	4	每超差 0.1mm 扣 2 分			
14	长度(37 ± 0.3)mm	4	每超差 0.1mm 扣 3 分			
15	槽宽 5mm×2mm	5	每超差 0.1mm 扣 3 分			
16	倒角 C1(5 处)	5	倒角不合格 1 处扣 1 分			
17	表面粗糙度值 $Ra1.6\mu m$(5 处)	10	每处降低一个等级扣 2 分			
18	考核时间		每超时 10min 扣 5 分			
合计		100		总分:		

【知识链接】

一、内孔加工工艺特点

在数控车床上加工内孔与普通车床加工方法一致,即先钻孔、后扩孔、再镗孔的加工方法。从孔的精度来看,一般精度的孔,如螺纹连接的孔,可钻孔或扩孔来完成;较高精度的孔,如与轴类配合的齿轮、带轮的内孔,应先钻孔、后扩孔、再镗孔;高精度配合的孔,如精密缸套,还要铰孔、研磨孔。本项目的孔加工是较高精度的通孔,与轴有配合要求,两端分别有直孔、圆锥孔。

手动完成钻孔和扩孔,加工方法与普通车床一致。镗孔用内孔车刀(也称镗刀)加工。镗刀的刀头大小和伸出长度受孔的大小和深度限制,镗刀的刚性和强度较低,且切削液不易进入。综合来讲,镗孔的工作条件比车削外圆困难,因此,镗孔时的切削用量比车削外圆要小一些。

二、镗孔编程方法

例:编写图 4-2 所示内孔的粗、精加工程序。预钻$\phi 16$mm 的孔,见表 4-2。

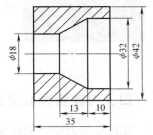

图 4-2　练习图

表 4-2　加工程序

程　　序	说　　明
O4001；	
T0101；	镗刀
G00 X100 Z100；	
S400 M03；	
X16 Z2；	预钻 ϕ16mm 的孔
G71 U1 R1；	★
G71 P10 Q20 U-0.2 W0 F60；	★想想 U 为负值为什么
N10 G00 X32 ；	
G01 Z-10；	
X18 Z-23；	
N20 Z-38；	
G70 P10 Q20；	孔精加工
G00 X16；	★镗刀退刀
Z100；	★镗刀退刀
X100；	★镗刀退刀
M30；	

注：读者应特别留意标"★"的程序段。

三、镗刀的对刀方法

镗刀的对刀过程分为以下步骤。

1）试切内孔后，X 向保持不动，Z 向退刀。

2）停止主轴旋转，测量孔径，如图 4-3 所示。

3）在刀补页面中相应刀号下键入"X + 上述测量的孔径值"，再按 输入IN 键，即 X 轴的刀补值。

4）重新转动主轴，将刀尖轻微接触端面，在刀补页面中相应刀号下，键入"Z0"，再按 输入IN 键，即 Z 轴的刀补值，如图 4-4 所示。

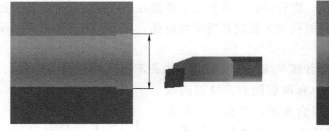

图 4-3　试切直径

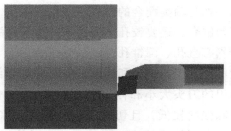

图 4-4　试切长度

四、刀具偏置数据的修改

在定点对刀中，初次录入的 X、Z 轴的刀具偏置数据与实际加工工件所得尺寸会有误差；还有刀具使用一段时间后会磨损，编程尺寸与实际加工尺寸也会有误差。对于上述情况，有必要修正原刀具偏置数据，假设原刀具偏置数据如图 4-5 所示，实际加工后，如发现误差 $\Delta X = 0.1\,\text{mm}$（即加工后尺寸比编程尺寸直径小 0.1mm），$\Delta Z = -0.2\,\text{mm}$（即加工后尺寸比编程尺寸长度短 0.2mm），需要以下操作步骤进行修改刀具偏置数据。

1）在手动、手脉或录入方式下，按 刀补 OFT 键进入刀具偏置界面。

2）把光标移到要输入补偿号的位置，如 01 号。

3）按"U0.1"键及 输入 IN 键；按"W-0.2"键及 输入 IN 键，结果如图 4-6 所示。

图 4-5　原刀补数据　　　　　　　　　图 4-6　修改后刀补数据

【任务实施】

一、拟定加工顺序

先加工内孔，后加工外圆，具体见表 4-3。

表 4-3　加工顺序

顺序	程序	刀具选择			加工内容	
		刀具号	名称及规格	方式	部位	
1	夹工件右端，加工左端，伸出长约68mm，找正，夹紧					
2	预钻孔 ϕ16mm，通孔					
3	O0401	T04	ϕ16mm 内孔车刀（镗刀）	粗、精	内孔：ϕ30mm	
					长度：37mm	
		T01	90°外圆车刀	粗、精	外圆：ϕ44mm、ϕ48mm	
					长度：53mm、63mm	
4	调头，夹工件左端，加工右端，伸出至台阶，打表找正，保证同轴度要求 0.015mm，夹紧					
5	T01 试切工件端面，保证总长98mm，并重新设定工件坐标					
6	O0402	T04	ϕ16mm 内孔车刀（镗刀）	粗、精	内锥，内孔：ϕ20mm	
					长度：61mm	
		T01	90°外圆车刀	粗、精	外圆：ϕ30mm	
					长度：35mm	
		T02	3mm 切断刀，右后刀尖	精	槽：5mm×2mm	

二、拟列出量具清单（表4-4）

表4-4　量具清单

序号	名　　称	规　　格	数　量	备　　注
1	游标卡尺	0～125mm	1	测外圆
2	深度游标卡尺	0～125mm	1	测长度
3	钢直尺	0～200mm	1	
4	内测千分尺	25～50mm	1	测 ϕ30mm 内孔

三、拟定参考加工程序

工件加工示意图如图4-7所示，参考加工程序见表4-5。

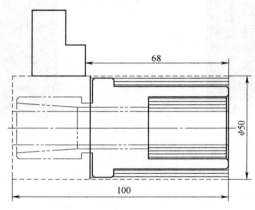

图 4-7　加工示意图 1

表4-5　参考加工程序 1

程　　序	说　　明
O0401;	
T0404;	ϕ16mm 内孔车刀（镗刀）
G00 X100 Z100;	
M03 S500;	
G00 X16 Z2;	
G71 U1 R1;	加工内孔比加工外圆切削深度略小
G71 P10 Q20 U-0.3 W0 F60;	内孔 X 向预留加工余量-0.3mm
N10 G00 X32;	
G01 Z0;	
X30 Z-2;	
Z-37;	
N20 X16;	
G70 P10 Q20;	
G00 X100 Z100;	
T0101;	90°外圆车刀

（续）

程　　　　序	说　　明
M03 S500；	
G00 X50 Z2；	
G71 U2 R1；	
G71 P30 Q40 U0.3 W0 F100；	
N30 G00 X38；	
Z0；	
X40 Z-1；	
Z-53；	
X46；	
X48 Z-54；	
N40 Z-64；	
M03 S800；	
G70 P30 Q40 F60；	
G00 X100 Z100；	
M30；	

　　轴孔配合要求：第二工件的左端孔与第一工件的右端轴配合，第二工件的右端轴与第一工件的左端孔配合。因此，当车第二工件的左、右端时，需按实际尺寸进行孔/轴配合，如有配合误差，可修改刀补值。

　　工件加工示意图如图 4-8 所示，参考加工程序见表 4-6。

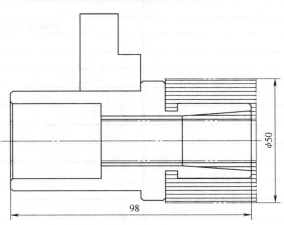

图 4-8　加工示意图 2

表 4-6　参考加工程序 2

程　　　　序	说　　明
O0402；	
T0404；	ϕ16mm 内孔车刀（镗刀）
G00 X100 Z100；	
M03 S500；	
G00 X16 Z2；	
G71 U1 R1；	

（续）

程　序	说　明
G71 P10 Q20 U-0.3 W0 F60；	
N10 G00 X24；	
G01 Z0；	
X20 Z-28；	
N20 Z-62；	
G70 P10 Q20；	
G00 X100 Z100；	
T0101；	90° 外圆车刀
M03 S500；	
G00 X50 Z2；	
G71 U2 R1；	
G71 P30 Q40 U0.3 W0 F100；	
N30 G00 X28；	
G01 Z0 F60；	
X30 Z-1；	
Z-35；	
X46；	
X48 Z-36；	
N40 Z-46；	
M03 S800；	
G70 P30 Q40 F60；	
G00 X100 Z100；	
T0202	3mm 切断刀，右刀尖对刀
M03 S500；	
G00 X49 Z-32；	
G01 X26 F50；	
G04 X2；	
X32；	
Z-30；	
X26；	
G04 X2；	
G00 X100；	
Z100；	
M30	

【经验总结】

1）使用 G71 代码加工内孔时，X 轴的精车余量符号取负值。

2）加工内孔时，由于加工条件较差，应适当减小切削用量，同时还应留意刀尖磨损情况，如有异常，应及时停车，重磨刀具。

3）可按照一把刀具对应一个加工程序，以方便加工完一个部位时能检测工件尺寸的正确性。

【拓展训练】

编写图 4-9 ~ 图 4-14 所示工件的粗、精加工程序，预钻孔留余量 ϕ4mm。

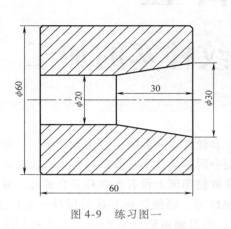

图 4-9 练习图一

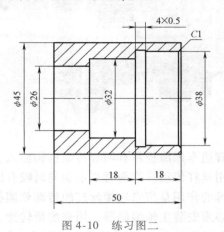

图 4-10 练习图二

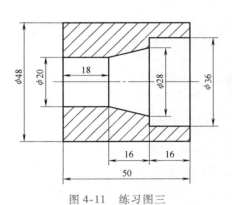

图 4-11 练习图三

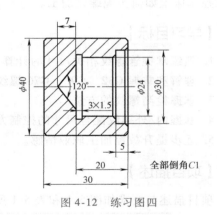

图 4-12 练习图四

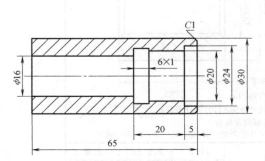

图 4-13 练习图五

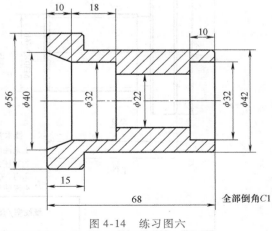

图 4-14 练习图六

项目五

螺纹柱塞的加工

普通车床溜板箱有两套传动机构输入,即光杠和丝杠。一般的走刀用光杆传动,加工螺纹时用丝杠传动。这两者是不能同时咬合的,否则会因传动比不一致造成传动系统破坏。开合螺母的作用是用来连接丝杠的传动到溜板箱。在数控车床上没有光杠和开合螺母,要加工螺纹必须安装主轴编码器,用来测量转速。当车螺纹时,要使转速和进给保持一定的关系,如加工导程 1.5mm 的单线螺纹,要求主轴转一圈,车刀轴向进给 1.5mm。下面我们来学习在数控车床上如何实现螺纹加工。

【学习目标】

1. 熟练掌握管螺纹相关尺寸的计算。
2. 理解和掌握 G32、G92、G76 螺纹加工代码。
3. 掌握检测螺纹的方法。
4. 掌握内/外螺纹配合尺寸的控制方法。
5. 逐步提升数控加工职业情感。

【项目描述】

项目描述与要求如图 5-1 和表 5-1 所示。

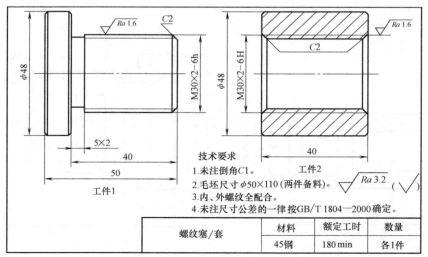

图 5-1　项目零件图

表 5-1　考核评分记录

序号	项　目		配分	评分标准 （各项配分扣完为止）	检测结果	扣分	得分
1	现场操作规范		10	不正确使用机床,酌情扣分			
2			5	不正确使用量具,酌情扣分			
3			5	不正确使用刀具,酌情扣分			
4			10	不正确进行设备维护保养,酌情扣分			
5	外螺纹	总长(50±0.3)mm	3	每超差0.1mm扣2分			
6		外径φ48mm	5	每超差0.05mm扣3分			
7		M30×2-6h	15	螺纹环规检验,不合格全扣			
8		长度40mm	2	每超差0.1mm扣1分			
9		槽宽5mm×2mm	2	每超差0.1mm扣1分			
10		倒角C2(1处)	1	不合格扣1分			
11		倒角C1(2处)	1	不合格扣1分			
12		表面粗糙度值Ra1.6μm	2	每处降低一个等级扣2分			
13	内螺纹	外径φ48mm	5	每超差0.05mm扣3分			
14		M30×2-6H	15	螺纹塞规检验,不合格全扣			
15		倒角C2(2处)	1	不合格扣1分			
16		倒角C1(2处)	1	不合格扣1分			
17		表面粗糙度值Ra1.6μm	2	每处降低一个等级扣2分			
18		螺纹塞规/环规配合	15	螺纹塞规拧不进去不得分,部分拧入酌情扣分			
	考核时间			每超时10min扣5分			
合计			100			总分:	

【知识链接】

一、螺纹尺寸的计算方法

螺纹的术语如图 5-2 所示。

1）螺纹牙型、牙型角和牙型高度。螺纹牙型是通过轴线剖面上螺纹的轮廓形状。牙型角（α）是螺纹牙型上相邻两牙侧间的夹角。牙型高度（h）是螺纹牙型上牙顶到牙底之间垂直于轴线的距离。

2）螺纹直径（公称直径）是代表螺纹尺寸的直径，指螺纹大径的公称尺寸。外螺纹大径（d）也称为外螺纹顶径。外螺纹小径（d_1）也称为外螺纹底径。内螺纹大径（D）也称为外螺纹底径。内螺纹小径（D_1）也称为外螺纹孔径。中径（D_2，d_2）是一个假想圆柱的直径，其素线通过牙型上沟槽和凸起宽度相等的地方。

3）螺距（P）是指相邻两牙在中径线上对应两点间的轴向距离。

1. 米制普通螺纹的尺寸计算

米制普通螺纹的牙型角为 60°。根据 GB/T 197—2003《普通螺纹公差》国家标准规定，以及考虑刀尖圆弧半径，则实际的螺纹相关尺寸计算如下：

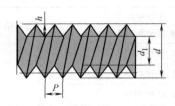
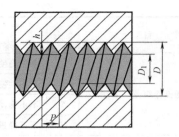

图 5-2 外、内螺纹示意图

1）螺纹大径：$D = d$。

2）牙型高度：$h = 0.65P$。

3）螺纹小径：$d_1 = D_1 = d（D）- 1.3P$。

试计算：M20×2.5-6H/7g 螺纹的 h、D_1、d_1 值。

解答：M20×2.5-6H/7g 表示公制右旋单线螺纹，内/外螺纹配合，其中，公称直径 $D/d = 20mm$、螺距 $P = 2.5mm$、牙型角 $\alpha = 60°$、内螺纹配合等级 6H、外螺纹配合等级 7g。

计算：$h = 0.65P = 0.65 × 2.5mm ≈ 1.625mm$

$d_1 = D_1 = d - 1.3P = 20mm - 1.3 × 2.5mm ≈ 16.75mm$

2. 寸制螺纹的尺寸计算

寸制螺纹在我国应用很少，牙型角为 55°，螺距与米制换算公式为

$$P = 1in/n = 25.4mm/n \tag{5-1}$$

式中 P——螺距，mm；

n——牙数。

3. 螺纹加工的工艺特点

螺纹加工方法有直进法、左右切削法和斜进法。在直进法中，螺纹加工属于成形加工，切削进给量较大，刀具的强度较差，因此螺纹加工一般分数次进给深度加工，且背吃刀量逐次减小，见表 5-2。

表 5-2 常用螺纹切削的进给次数与背吃刀量（直径量）   （mm）

米 制 螺 纹							
螺距 P		1.0	1.5	2	2.5	3	3.5	4
牙型高度 h（半径量）		0.649	0.974	1.299	1.624	1.949	2.273	2.598
切削次数及背吃刀量	1 次	0.7	0.8	0.9	1.0	1.2	1.5	1.5
	2 次	0.4	0.6	0.6	0.7	0.7	0.7	0.8
	3 次	0.2	0.4	0.6	0.6	0.6	0.6	0.6
	4 次		0.16	0.4	0.4	0.4	0.6	0.6
	5 次			0.1	0.4	0.4	0.4	0.4
	6 次				0.15	0.4	0.4	0.4
	7 次					0.2	0.2	0.4
	8 次						0.15	0.3
	9 次							0.2

螺纹加工有如下工艺特点。

1）由于车刀与工件的挤压作用，当加工外螺纹时，外圆直径应比公称直径小 0.2 ~ 0.4mm；而加工内螺纹时，内孔直径应比内螺纹小径大 0.2 ~ 0.4mm。如外螺纹尺寸为M20 × 2，那么加工外圆时直径应取 19.6 ~ 19.8mm；而加工内螺纹时，内孔直径应取 17.6 ~ 17.8mm。

2）螺纹起始倒角距离，CP。

3）在螺纹切削开始及结束部分，一般由于升降速度的原因，会出现导程不正确部分，考虑此因素影响，指令中的螺纹长度比所需要的螺纹长度要长些，即螺纹加工起点应距离工件 $P \sim 2P$，而退刀距离应长于 $0.5P \sim P$。

4）车螺纹时，应适当使用切削液，且应有修光过程。

5）车螺纹时，主轴宜选用低转速 400 ~ 650r/min。

6）车螺纹时的进给速度计算公式为

$$F = SP$$

如车螺纹时，主轴转速 450r/min，螺距为 2mm，即

$F = SP = 450\text{r/min} \times 2\text{mm/r} = 900\text{mm/min}$。

二、螺纹加工指令

螺纹加工指令分别有 G32、G92 和 G76，下面逐一介绍。

1. 等螺距螺纹切削（G32）

格式：G32 X（U）__ Z（W）__ F（I）__;

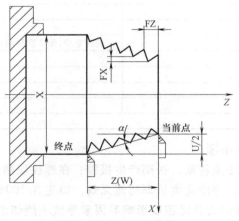

图 5-3 G32 运动轨迹

功能：两轴同时从起点位置（G32 代码运行前的位置）到 X（U）、Z（W）指定的终点位置的螺纹切削加工，轨迹如图 5-3 所示。此代码可以切削等导程的直螺纹、锥螺纹和端面螺纹。G32 指令螺纹切削时，需设退刀槽。

说明：

X（U）：X 向螺纹切削终点的绝对（相对）坐标。

Z（W）：Z 向螺纹切削终点的绝对（相对）坐标。

F：米制螺纹导程，即主轴每转一圈刀具相对工件的移动量，取值范围为 0.001 ~ 500mm，模态参数。

I：寸制螺纹每英寸牙数，取值范围为 0.06～25400 牙/in，模态参数。

例：用 G32 指令编写图 5-4 所示工件螺纹加工的程序。取 $L_1 = 8\text{mm}$，$L_2 = 5\text{mm}$，切深 1mm（单边），分两次切入，见表 5-3。

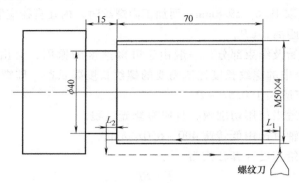

图 5-4　练习图

表 5-3　加工程序（G32）

程序	说明
O5001；	
T0101；	60°外螺纹车刀
G00 X100 Z100；	
M03 S500；	
G0 X49 Z5；	快速定位，第 1 次切入 1mm
G32 Z-75 F4.0；	
G01 X55；	
G00 Z8；	
X48；	快速定位，第 2 次再切入 1mm
G32 Z-75 F4.0；	
G01 X55；	
G00 Z8；	
X100 Z100；	
M30；	

螺纹切削时应注意以下事项。

1）在螺纹切削时主轴必须转动，否则产生报警；在螺纹切削过程中，主轴不能停止。

2）在螺纹切削过程中，进给速度倍率功能无效，恒定在 100%；主轴倍率功能也无效，因为如果改变主轴倍率，会因为升降速度影响等因素导致不能切出正确的螺纹。

3）主轴转速必须是恒定的，当主轴转速变化时，螺纹或多或少都会产生偏差。

4）F、I 不允许同时出现在一个程序段。

2. 螺纹切削循环（G92）

格式：G92 X（U）__ Z（W）__ J__ K__ F__ L__ P__；（切削米制螺纹）

G92 X（U）__ Z（W）__ J__ K__ I__ L__ P__；（切削寸制螺纹）

功能：可进行等导程的直螺纹、锥螺纹单一循环螺纹加工，循环完毕刀具回到起点位置。螺纹切削时不需退刀槽。加工轨迹如图 5-5 所示中：1→2→3→4→1，虚线（R）表示快速移动，实线（F）表示切削进给。

说明：

X、Z：循环终点坐标值，单位为 mm。

U、W：循环终点相对循环起点的坐标，单位为 mm。

J：X 向的退尾比例，为无符号数，半径指定。

K：Z 向的退尾比例，为无符号数。

当 J、K 其中一个设置为 0，或者不给定时，系统处理为 45°退尾；默认设定值退尾长度（0.1 倍螺距）。

R：螺纹起点与螺纹终点的半径之差，单位为 mm，不指定时默认为 0，即直圆柱。

F：米制螺纹导程，取值范围为 0.001～500，单位为 mm，模态代码。

I：寸制螺纹每 in 牙数，取值范围为 0.06～25400，单位为牙/in，模态代码。

L：螺纹线数，取值范围为 1～99，模态代码，不指定时默认为 1。

P：退尾长度，取值范围为 0～255，模态代码单位为 0.1 倍螺距，不指定默认为 1。

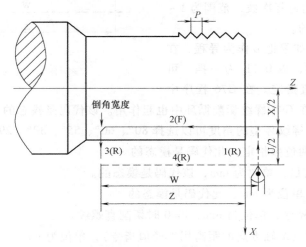

图 5-5　G92 运动轨迹

例：用 G92 代码改写图 5-4 所示螺纹加工程序，见表 5-4。

表 5-4　加工程序（G92）

程　序	说　明
O5002；	
T0101；	60°外螺纹车刀
G00 X100 Z100；	
M03 S500；	
G00 X56 Z8；	快速定位，螺纹加工起点
G92 X48.5 Z-75 F4； X47.7； X47.1； X46.5； X46.1； X45.7； X45.3； X45； X44.8；	参照表 5-2，分 9 刀切削 第 1 刀：1.5mm 第 2 刀：0.8mm，省略 G92，以下同 第 3 刀：0.6mm 第 4 刀：0.6mm 第 5 刀：0.4mm 第 6 刀：0.4mm 第 7 刀：0.4mm 第 8 刀：0.3mm 第 9 刀：0.2mm（d_1 =44.804mm）
G00 X100 Z100；	
M30；	

3. 复合型螺纹切削循环（G76）

格式：G76 P（m）（r）（a）Q（Δdmin）R（d）;

G76 X（U）Z（W）R（i）P（k）Q（Δd）F（I）;

功能：系统根据指令地址所给的数据自动计算并进行多次螺纹切削循环直至螺纹加工完成，代码轨迹如图 5-6 所示。

说明：

X、Z：螺纹终点（螺纹底部）坐标值，单位为 mm。

U、W：螺纹终点相对加工起点的坐标值，单位为 mm。

m：最后精加工的重复次数，范围为 1 ~ 99，此代码值是模态的。

r：螺纹倒角量。如果把 L 作为导程，在 $0.1L$ ~ $9.9L$ 的范围内，以 $0.1L$ 为一挡，可以用 00 ~ 99 两位数值指定。在 G76 程序中

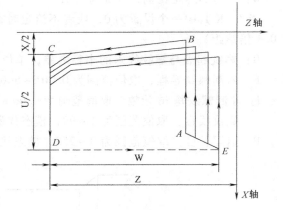

图 5-6 G76 运动轨迹

设定螺纹倒角量后，在 G92 螺纹切削循环中也起作用。该代码是模态的。

a：刀尖的角度，螺纹牙型的角度可以选择 80°、60°、55°、30°、29°、0° 6 种角度。把此角度值原来数据用两位数指定，此代码是模态的。

Δdmin：最小切入量，单位为 mm，该代码是模态的。

d：精加工余量，单位为 mm，此代码是模态的。

i：螺纹部分的半径差，单位为 mm，i = 0 时切削直螺纹。

k：螺纹牙型高度（X 轴方向的距离用半径值指令），单位为 mm。

Δd：第一次切削深度（半径值）单位为 mm。

F：螺纹导程，单位为 mm。

I：每 in 牙数。

注意事项如下。

1）m、r、a 同用地址 P 一次指定。

2）循环动作由地址 X（U）、Z（W）指定的 G76 代码进行动作。

3）循环加工中，刀具为单侧刃加工（即斜进法），刀尖的负载可以减轻。

4）第一次切入量为 Δd，第 N 次为 ΔDN，每次切削量是一定的。

5）考虑各地址的符号，有四种加工图形，也可以加工内螺纹。在图 5-6 所示的螺纹切削中只有轨迹 B、C 之间用 F 指令的进给速度，其他轨迹为快速进给。循环中，增量的符号按下列方法决定：

U：由轨迹 A 到 C 的方向决定。

W：由轨迹 C 到 D 的方向决定。

R（I）：由轨迹 A 到 C 的方向决定。

P（K）：符号为正。

Q（ΔD）：符号为正。

6）螺纹倒角量的指定，对 G92 螺纹切削循环也有效。

例：用 G76 代码改写图 5-4 所示工件的螺纹加工程序，见表 5-5。

表 5-5　加工程序（G76）

程　　序	说　　明
O5003；	
G00 X100 Z100；	
M03 S500；	
G00 X56 Z8；	快速定位
G76 P010560 Q0.1 R0.2； G76 X44.8 Z-75 P2.6 Q1.5 F4.0；	G76 螺纹切削
G00 X100 Z100；	
M30；	

综合对比 G32、G92 和 G76 代码螺纹加工的编程方法可以看出，G32 加工螺纹时程序段较多，因此一般不用此指令，而常用循环指令 G92 和 G76 进行加工；在车削精度要求较高的螺纹，或螺纹螺距较大（$P>4$mm）时，可采用两次加工完成，即先用 G76 代码进行粗加工，再用 G92 代码进行精加工，此时要注意刀具起点位置要一致，否则容易乱扣（也称乱牙）；而对于普通螺纹，则没有必要分两次加工。

4. 螺纹综合检测

用螺纹环规检查螺纹的外螺纹，如图 5-7 所示，首先应对螺纹的直径、螺距、牙型和表面粗糙度值进行检查，然后再用环规测量外螺纹的尺寸精度。如果环规的通端正好拧进去，而止端拧不进去，说明螺纹精度符合要求。检查有退刀槽的螺纹时，环规应通过退刀槽与台阶端面靠平。同理用螺纹塞规检查内螺纹。

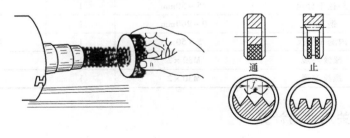

图 5-7　螺纹环规检测外螺纹

【任务实施】

一、拟定加工顺序

先加工外螺纹（工件 1），后加工内螺纹（工件 2），见表 5-6。

表 5-6　加工顺序

顺序	程序	刀 具 选 择			加 工 内 容	
		刀具号	名称及规格	方式	部位	
1		夹工件 1,伸出长约 60mm,先加工内孔,后加工外圆。找正,夹紧				
2	00501	T01	90°外圆车刀	粗、精	外圆:φ30mm、φ48mm 长度:40mm、50mm	
		T02	3mm 切断刀,右后刀尖对刀	精	槽:5mm×2mm	
3	00502	T03	60°外螺纹车刀	粗、精	螺纹 M30×2,螺纹环规、螺纹塞规检测 长度:35mm	
4	00503	T02	3mm 切断刀,右后刀尖对刀	精	切断工件 长度:50mm	
5		夹工件 2,伸出长约 48mm,找正,夹紧				
6		预钻孔 φ16 通孔				
7		T01 试切工件端面,并重新设定工件坐标				
8	00504	T04	φ16mm 内孔车刀(镗刀)	粗、精	螺纹 M30 内孔至 φ280mm 通孔:40mm	
9	00505	T03	60°内螺纹车刀	粗、精	螺纹 M30×2、与外螺纹配合 通孔:40mm	
10	00506	T01	90°外圆车刀	粗、精	外圆:φ48mm 长度:40mm	
		T02	3mm 切断刀,右后刀尖对刀	精	切断工件至长度 40mm	

二、拟列出量具清单（表 5-7）

表 5-7　量具清单

序号	名　称	规　格	数　量	备　注
1	游标卡尺	0~125mm	1	测外圆
2	外径千分尺	25~50mm	1	测外圆
3	钢直尺	0~200mm	1	
4	内测千分尺	25~50mm	1	测 φ30mm 内孔
5	螺纹环规	M30×2	1	检测外螺纹
6	螺纹塞规	M30×2	1	检测内螺纹

三、螺纹相关尺寸的计算

零件图中内/外螺纹 M30×2-6H/6h 的尺寸计算过程如下。

1）螺纹大径：$D = d = 30mm$。

2）螺纹高度：$h = 0.65P = 0.65 \times 2mm \approx 1.3mm$。

3）螺纹小径：$d_1 = D_1 = d - 1.3P = 30mm - 1.3 \times 2mm \approx 27.4mm$。

四、拟定参考加工程序

工件 1 加工示意图如图 5-8 所示,参考加工程序见表 5-8。

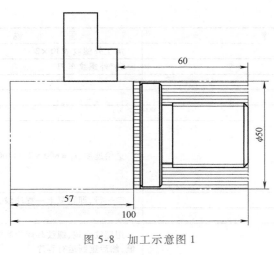

图 5-8　加工示意图 1

表 5-8　参考加工程序 1

程　　序	说　　明
O0501 ~ O0503	
T0101;	90°外圆车刀
O0501;	
G00 X100 Z100;	
M03 S500;	
G00 X50 Z2;	
G71 U2 R1;	
G71 P10 Q20 U0.3 W0 F100;	
N10 G00 X26;	
G01 Z0 F60;	
X29.8 Z-2;	
Z-40;	
X46;	
X48 Z-41;	
N20 Z-55;	
M03 S800;	
G70 P10 Q20;	
G00 X100 Z100;	
T0202;	3mm 切断刀,右刀尖对刀
M03 S500;	
G00 X49 Z-37;	
G01 X26 F50;	
X30;	
Z-35;	
X26;	
G00 X100;	
Z100;	
M30;	

（续）

程　序	说　明
O0502；	加工外螺纹 M30×2
T0303；	60°外螺纹车刀
G00 X100 Z100；	
M03 S600；	
G00 X40 Z3；	
G92 X29.1 Z-38 F2； X28.5； X27.9； X27.5； X27.4；	进给速度：$v_f = 600 \times 2 = 1200 \text{mm/min}$
；	空一行，即重复上一程序段，相当于修光一次螺纹
G00 X100 Z100；	
M30；	用螺纹塞规、螺纹环规检测螺纹，并按实际情况修改刀补值，然后重新运行程序
O0503；	切断工件至长度 50mm
T0202；	3mm 切断刀，右刀尖对刀
G00 X100 Z100；	
M03 S500；	
G00 X49；	
Z-50；	
G01 X46 F50；	
X48；	
Z-49；	
X46 Z-50；	
X25；	
X20；	
G04 P4；	
X2；	
G00 X100；	
Z100；	
M30；	

工件 2 加工示意图如图 5-9 所示，参考加工程序见表 5-9。

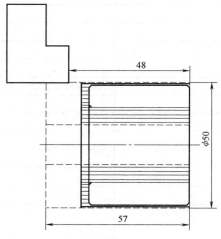

图 5-9　加工示意图 2

表 5-9　参考加工程序 2

程　序	说　明
O0504 ~ O0506	
T0404；	φ16mm 内孔车刀（镗刀）
O0504；	
G00 X100 Z100；	
M03 S500；	
G00 X16 Z2；	
G71 U2 R1；	
G71 P10 Q20 U-0.3 W0 F60；	
N10 G00 X30；	
G01 Z0；	
X27.8 Z-2；	
N20 Z-45；	
G70 P10 Q20；	
G00 X100 Z100；	
M30；	
O0505；	加工内螺纹 M30×2
T0303；	60°内螺纹车刀
G00 X100 Z100；	
M03 S500；	
G00 X27 Z2；	
G92 X28.3 Z-43 F2；	
X28.9；	
X29.5；	
X29.9；	
X30；	
；	
G00 X100 Z100；	
M30；	与外螺纹配合，根据螺纹配合情况修改刀补值，然后重新运行程序
O0506；	
T0101；	90°外圆车刀
G00 X100 Z100；	
M03 S500；	
G00 X50 Z2；	
G90 X48.4 Z-45 F60；	
G01 X46；	
Z0；	
X48 Z-1；	
Z-45；	
G00 X100 Z100；	
T0202；	3mm 切断刀，右刀尖对刀
M03 S500；	
G00 X50；	
Z-40；	
G01 X46 F50；	
X48；	
Z-39；	
X46 Z-40；	
X27；	
G00 X100；	
Z100；	
M30；	

【经验总结】

1）加工时，主轴转速一般为 400 ~ 650r/min，切削过程中不能变速，否则会产生乱扣。

2）加工完螺纹时，进给速度 v_f 值较大，以后的程序段注意修改 v_f 值，否则以后的进给速度过快容易出现意外危险。

3）内/外螺纹配合时，先加工外螺纹，后加工内螺纹。在加工内螺纹时，以外螺纹配合内螺纹，并按实际螺纹旋合情况，修改刀补值或改写程序的螺纹数值，并重新运行程序。

【拓展训练】

编写图 5-10 ~ 图 5-13 所示工件的粗、精加工程序，毛坯自定。

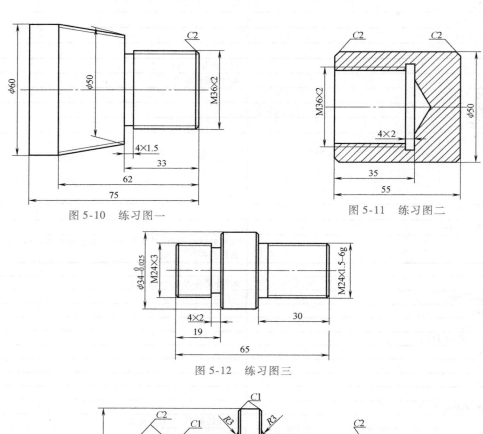

图 5-10　练习图一

图 5-11　练习图二

图 5-12　练习图三

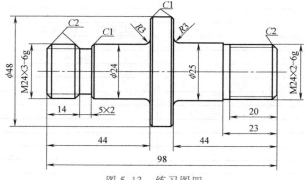

图 5-13　练习图四

项目六
带轮的加工

项目一至项目五中的零件加工程序是按顺序逐段执行，且同一个零件结构部位的形状几乎不相同。当零件的结构形状有相同或相似的加工轨迹、控制过程需要多次使用时，就可以把该部分的程序代码编辑为独立的程序进行调用，调用其他程序的程序称为主程序（以 M30 结束），被调用的程序称为子程序（以 M99 结束），通过使用主、子程序，可简化编程过程。

【学习目标】

1. 熟练掌握子程序编程方法。
2. 掌握主、子程序调用与返回方法。
3. 掌握成形车刀的刃磨方法。
4. 提高数控职业情感。

【项目描述】

项目描述与要求如图 6-1 和表 6-1 所示。

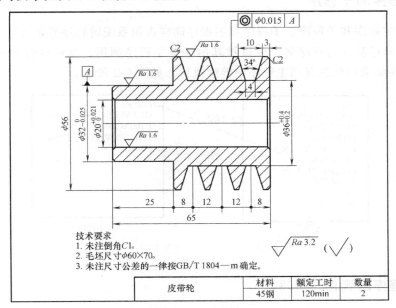

技术要求
1. 未注倒角C1。
2. 毛坯尺寸φ60×70。
3. 未注尺寸公差的一律按GB/T 1804—m确定。

皮带轮	材料	额定工时	数量
	45钢	120min	2

图 6-1　项目零件图

表 6-1　考核评分记录

序号	项目	配分	评分标准 (各项配分扣完为止)	检测结果	扣分	得分
1		10	不正确使用机床,酌情扣分			
2		5	不正确使用量具,酌情扣分			
3	现场操作规范	5	不正确使用刀具,酌情扣分			
4		10	不正确进行设备维护保养,酌情扣分			
5	总长(65 ± 0.3)mm	4	每超差 0.1mm 扣 2 分			
6	外径 $\phi56$mm	5	每超差 0.05mm 扣 3 分			
7	外径 $\phi32^{0}_{-0.025}$mm	8	每超差 0.01mm 扣 4 分			
8	外径 $\phi36^{+0.4}_{+0.2}$mm	8	每超差 0.1mm 扣 4 分			
9	内径 $\phi20^{+0.021}_{0}$mm	8	每超差 0.01mm 扣 4 分			
10	带槽$(34°,10$mm$)$	12	一处不合格扣 4 分			
11	倒角 $C2$(2 处)	4	一处不合格扣 2 分			
12	倒角 $C1$(2 处)	3	一处不合格扣 1 分			
13	表面粗糙度值 $Ra1.6\mu$m(3 处)	18	每处降低一个等级扣 6 分			
14	考核时间		每超时 10min 扣 5 分			
合计		100		总分:		

【知识链接】

一、主程序和子程序

　　程序分为主程序和子程序。子程序和主程序同样占用系统的程序容量和存储空间,但子程序也必须有自己独立的程序名,可以被其他任意主程序调用,也可以独立运行(反复运行)。当子程序结束后就返回到主程序中继续执行,如图 6-2 所示。

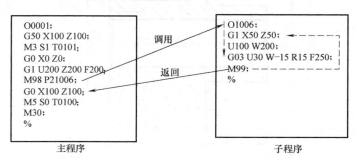

图 6-2　主程序与子程序

二、子程序的调用 (M98)

　　格式:

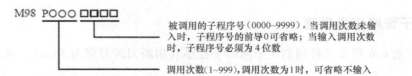

被调用的子程序号（0000~9999），当调用次数未输
入时，子程序号的前导0可省略；当输入调用次数
时，子程序号必须为4位数

调用次数（1~999），调用次数为1时，可省略不输入

功能：当前程序段的其他指令执行完成后，系统不执行下一程序段，而是去执行 P 代码指定的子程序，子程序最多可执行 999 次。

如图 6-2 所示的主程序中，"P21006;" 表示调用两次子程序 "O1006"。

注：在 MDI 方式下不能调用子程序。

三、从子程序返回（M99）

格式：

返回主程序执行的程序段号(0001~9999)，前导0可省略

功能：子程序中，当前程序段的其他代码执行完成后，返回主程序中由 P 代码指定的程序段继续执行，当未输入 P 代码时，在返回主程序中调用当前子程序的 M98 代码的后一程序段继续执行。如果单独执行子程序，则反复循环执行程序。

例：图 6-3 所示为调用子程序（M99 中有 P 指令字）的执行路径。图 6-4 所示为 M99 指令中无 P 代码时的调用及返回执行路径。

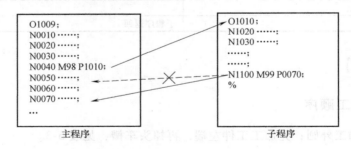

图 6-3　M99 中有 P 指令字

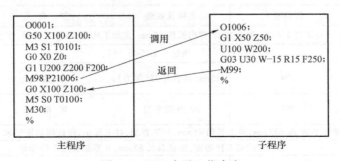

图 6-4　M99 中无 P 指令字

本系统最多可以调用四重子程序，即可以在子程序中调用其他子程序（图 6-5 所示为二重子程序）。

四、子程序应用举例

试编写图 6-6 所示工件切削 3 个槽的子程序（切断刀的刀宽为 3mm），见表 6-2。

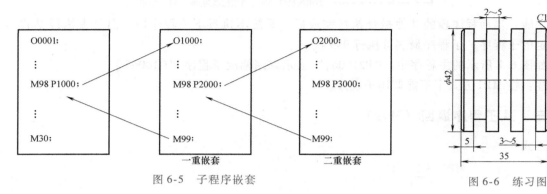

图 6-5　子程序嵌套

图 6-6　练习图

表 6-2　切槽子程序

程序	说明
O6001；	子程序名
G01X32 F40；	
G00 X45；	
W-2；	
G01 X32；	
G00 X45；	
W-8；	
M99；	子程序返回

【任务实施】

一、拟定加工顺序

先加工孔后加工外圆；先加工工件左端，再掉头车槽，见表 6-3。

表 6-3　加工顺序

顺序	程序	刀具选择		加工内容	
		刀具号	名称及规格	方　式	部　位
1		夹工件1右端,加工左端,伸出长约35mm,先加工内孔,后加工外圆,找正,夹紧			
2		预钻孔 φ16mm 通孔			
3	O0601	T04	φ16mm 内孔车刀（镗刀）	粗、精	内孔：φ20mm 长度：65mm
	O0602	T01	90°外圆车刀	粗、精	外圆：φ32mm 长度：25mm
4		掉头,夹工件左端 φ32mm,伸出长约45mm,加工右端,打表找正,保证同轴度要求 φ0.015mm,夹紧			
5		T01 试切工件端面,保证总长65mm,并重新设定工件坐标			
6	O0602	T01	90°外圆车刀	粗、精	外圆：φ56mm 长度：40mm
7	O0603	T04	34°成形刀,刀尖宽 3mm, 以刀具中线对刀	粗、精	3 个轮槽

二、拟列出量具清单（表6-4）

表6-4 量具清单

序号	名　称	规　格	数量	备注
1	游标卡尺	0~125mm	1	测外圆
2	外径千分尺	25~50mm	1	测外圆
3	钢直尺	0~200mm	1	
4	内测千分尺	5~30mm	1	测内孔

三、拟定参考加工程序

工件加工示意图如图6-7所示，参考加工程序见表6-5。

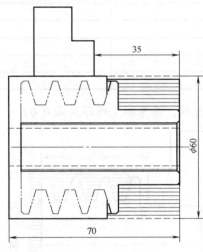

图6-7　加工示意图1

表6-5　参考加工程序1

程　序	说　明
O0601、O0602	
T0404；	φ16mm 内孔车刀（镗刀）
O0601；	
G00 X100 Z100；	
M03 S500；	
G00 X16 Z2；	
G90 X18 Z-66 F60；	
G90 X19.4 Z-66；	
G01 X22 F60；	
Z0；	
X20 Z-1；	
Z-66；	
G00 X16；	
Z100；	
X100；	
M30；	
O0602；	
T0101；	90°外圆车刀
G00 X100 Z100；	
M03 S500；	

（续）

程　序	说　明
G00 X60 Z2；	
G71 U2 R1；	
G71 P10 Q30 U0. 3 W0 F100；	
N10 G00 X30；	
G01 Z0 F60；	
X32 Z-1；	
Z-25；	
X52；	
N20 X56 Z-27；	
N30 Z-30；	
M03 S800；	
G70 P10 Q20；	
G00 X100 Z100；	
Z100；	
M30；	

工件加工示意图如图 6-8 所示，参考加工程序见表 6-6。

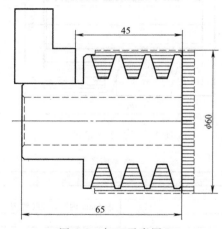

图 6-8　加工示意图 2

表 6-6　参考加工程序 2

程　序	说　明
O0603、O0604	
O0603；	
T0101；	90°外圆车刀
G00 X100 Z100；	
M03 S500；	
G00 X60 Z2；	
G90 X56 6 Z-40 F60；	
G00 X52；	
G01 Z0；	

（续）

程　序	说　明
X56 Z-2；	
Z-41；	
G00 X100；	
Z100；	
M30；	

程　序	说　明
O0604；	加工轮槽主程序
T0404；	34°成形车刀，刀尖宽3mm，以刀具中线对刀
G00 X100 Z100；	
M03 S800；	
G00 X58 Z4；	
Z-8；	
G01 X56 F100；	
M98 P100003；	调用轮槽子程序10次
G00 X58；	
Z-20；	
G01 X56 F100；	
M98 P100003；	调用轮槽子程序10次
G00 X58；	
Z-32；	
G01 X56 F100；	
M98 P100003；	调用轮槽子程序10次
G00 X100；	
Z100；	
M30；	

程　序	说　明
O0003；	轮槽子程序
G01 U-2 F100；	
W-0.5；	
W1；	
W-0.5；	
M99；	

【经验总结】

1）刃磨34°成形车刀（刀尖宽3mm）前，先制作对刀板，如图6-9所示，并以刀具中线对刀。

2）安装成形车刀时，刀具中线与工件轴线要垂直。

3）加工轮槽时，有2～3条切削刃参与切削，切削力大，刀

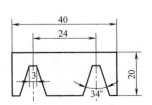

图6-9　成形刀对刀板

头强度差，因此应适当减小切削用量，还要留意刀尖磨损情况。如有异常，应及时停车，重磨刀具。

【拓展训练】

用子程序编写图 6-10 ~ 图 6-13 所示工件的粗、精加工程序。

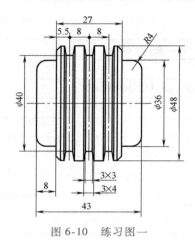

图 6-10　练习图一

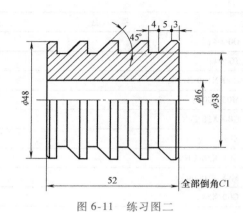

图 6-11　练习图二

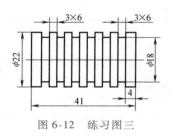

图 6-12　练习图三

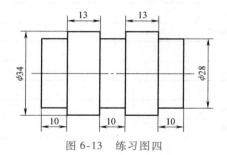

图 6-13　练习图四

项目七

综合结构轴的加工

前述项目一至项目七中，无论多么精确测量圆弧半径或锥度，都会发现尺寸有较大的误差，而直径和长度方向则不会，为什么会出现此情况呢？另外，综合结构轴零件要求较高的尺寸精度，且工艺繁多，因此合理选择加工工艺和刀、量、夹具，编制精确的加工程序，是保证零件加工质量的前提。本项目引入数控车中级考证训练零件，综合考核操作者所掌握的知识和技能水平。

【学习目标】

1. 掌握 G40、G41 及 G42 代码。
2. 掌握综合零件加工工艺分析方法。
3. 灵活掌握所学知识和技能编制综合结构件的加工程序。
4. 提升数控专业职业情感。

【项目描述】

项目描述与要求如图 7-1 和表 7-1 所示。

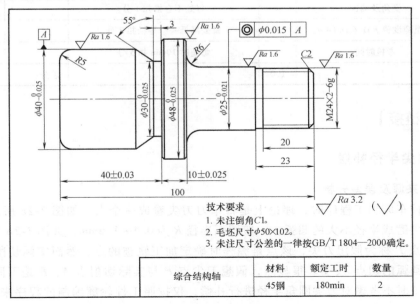

图 7-1　项目零件图

表 7-1　考核评分记录

序号	项目	配分	评分标准 （各项配分扣完为止）	检测结果	扣分	得分
1		4	不正确使用机床,酌情扣分			
2	现象操作规范	2	不正确使用量具,酌情扣分			
3		2	不正确使用刀具,酌情扣分			
4		4	不正确进行设备维护保养,酌情扣分			
5	总长 100mm	4	每超差 0.02mm 扣 1 分			
6	外径 $\phi48_{-0.025}^{0}$mm	6	每超差 0.01mm 扣 2 分			
7	外径 $\phi40_{-0.025}^{0}$mm	6	每超差 0.01mm 扣 2 分			
8	外径 $\phi30_{-0.025}^{0}$mm	6	每超差 0.01mm 扣 2 分			
9	外径 $\phi25_{-0.021}^{0}$mm	6	每超差 0.01mm 扣 2 分			
10	M24 × 1.5-6gmm	6	螺纹环规检验,不合格全扣			
11	螺纹长度 20mm	4	每超差 0.5mm 扣 2 分			
12	55°锥面	6	每超差 30″扣 2 分			
13	长度(40 ± 0.03)mm	4	每超差 0.01mm 扣 2 分			
14	长度(10 ± 0.025)mm	6	每超差 0.01mm 扣 1 分			
15	长度 23mm	4	每超差 0.01mm 扣 1 分			
16	长度 3mm	4	每超差 0.01mm 扣 1 分			
17	圆角 R10mm	4	每超差 0.05mm 扣 1 分			
18	圆角 R5mm	4	每超差 0.05mm 扣 1 分			
19	同轴度要求 ϕ0.015mm	6	每超差 0.01mm 扣 2 分			
20	倒角及倒钝	4	每处不合格扣 1 分			
21	表面粗糙度值 Ra1.6μm(4 处)	8	每处降低一个等级扣 2 分			
22	考核时间		每超时 10min 扣 5 分			
合计		100		总分:		

【知识链接】

一、刀尖半径补偿

1. 问题来源及误差分析

编制数控车床加工程序时，理论上是将车刀刀尖看成一个点，如图 7-2a 所示的 P 点，但通常将刀尖磨成半径不大的圆弧，一般圆弧半径 R 为 0.4 ~ 1.6mm，如图 7-2b 所示。X 向和 Z 向的交点 P 称为假想刀尖，该点是编程时确定加工轨迹的点。然而实际切削时起作用的切削刃是圆弧的切点 A、B。很显然，假想刀尖点 P 与实际切削点 A、B 是不同的点，如果在数控加工时不考虑对刀尖圆角半径进行补偿，仅按照工件轮廓编制的程序来进行加工，势必会产生加工误差。

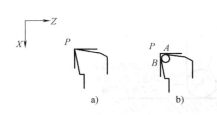

图 7-2 车刀假想刀尖

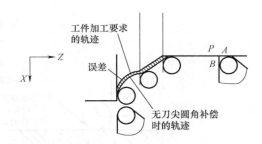

图 7-3 刀尖半径引起尺寸误差

在车刀进行车削加工时，实际切削点 A 和 B 分别决定了 X 向和 Z 向的加工尺寸，如图 7-3 所示。当车削圆柱面或端面（它们的素线与坐标轴 Z 或 X 平行）时，P 点的轨迹与工件轮廓线重合，即这两个方向不存在尺寸误差；而当车削锥面或圆弧面（它们的素线与坐标轴 Z 或 X 不平行）时，P 点的轨迹与工件轮廓线不重合，即存在尺寸误差。

2. 刀具半径补偿（G40、G41、G42）

广州数控系统具有刀尖圆弧半径补偿功能（刀补 C 功能），编程时可假设刀尖圆角半径为零，直接根据零件轮廓形状进行编程，只是在数控加工前必须在 CNC 系统上的相应刀具补偿号位置输入刀尖圆弧半径值与方位，CNC 系统会根据加工程序和刀尖圆弧半径自动计算实际的刀尖轨迹。当刀尖半径变化时，不需修改加工程序，只需修改相应刀尖补偿号中的刀尖圆弧半径值即可。

$$
格式：\begin{Bmatrix} G40 \\ G41 \\ G42 \end{Bmatrix} \begin{Bmatrix} G00 \\ G01 \end{Bmatrix} X\ \_\_\ Z\ \_\_\ ;
$$

说明：

G40：取消刀尖半径补偿指令。

G41：刀尖半径左补偿指令。

G42：刀尖半径右补偿指令。

X __ Z __：建立或取消补偿的坐标点。

进行刀尖半径补偿时，必须指定刀具与工件的相对位置。在后刀座坐标系中（图 7-4），当刀具中心轨迹在编程轨迹（零件轨迹）前进方向的右边时，称为右刀补，用 G42 代码实现；当刀具中心轨迹在编程轨迹（零件轨迹）前进方向的左边时，称为左刀补，用 G41 代码实现；前刀座坐标系与其相反（图 7-5）。

3. 刀尖方位号码

在实际加工中，由于被加工工件的加工需要，刀具和工件间将会存在不同的位置关系。从刀尖中心看假想刀尖的方向，由切削中刀具的方向决定。假想刀尖号码（方位）定义了假想刀尖点与刀尖圆弧中心的位置关系，方位共有 10 种设置（0 ~ 9），表达了 9 个方向的位置关系。方位必须在进行刀尖半径补偿前与补偿量一起设置在刀尖半径补偿存储器中。

假想刀尖的方向可从图 7-6 所示的 8 种规格所对应的号码中来选择。当刀尖中心与起点一致时，设置方位 0 或 9。

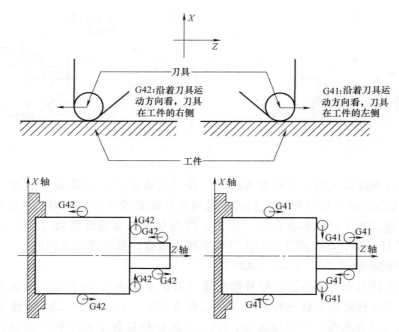

图 7-4　后刀座坐标系中刀尖半径补偿

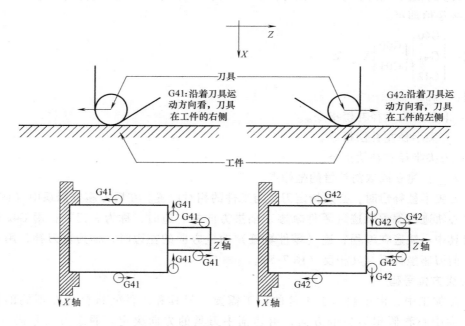

图 7-5　前刀座坐标系中刀尖半径补偿

4. 刀尖圆角半径与刀尖方位的设置

进行刀尖半径补偿前需要对以下几项补偿值进行设置：X、Z、R、T。其中，X、Z 分别指定 X 轴、Z 轴方向从刀架中心到刀尖的刀具偏置值，此两项在对刀操作时录入；R 指定刀尖半径值；T 指定刀尖方位号方位号码 0 ~ 9，具体如图 7-6 所示。每一组值对应一个刀补

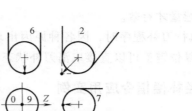

• 代表刀具刀位点 A，+ 代表刀尖圆弧圆心 O

图 7-6   刀尖方位号码

号，在刀补界面下设置。具体操作按前文项目所述刀补值进行设定与修改，如图 7-7 所示。

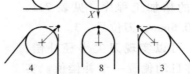

(单位:mm)

序号	X	Z	R	T
001	0.020	0.030	0.020	2
002	0.060	0.060	0.016	3
...	...	...	...	...
015	0.030	0.026	0.18	9
064	0.050	0.038	0.20	1

图 7-7   刀尖圆角半径与刀尖方位的设置

5. 刀补的使用及注意事项

实现刀尖半径补偿通常要经历 3 个步骤：刀补建立、刀补进行、刀补取消。在轮廓精加工程序段开始之前建立刀补，使用代码 G41 或 G42；而在精加工程序段结束后取消刀补，刀补取消使用代码 G40，或者将刀具半径补偿号码指定为 00。

使用刀补时注意事项如下。

1）刀尖半径补偿过程中不允许连续超过 30 个无移动命令的程序段。

2）录入方式下（MDI）执行程序段时，不执行刀尖半径补偿。

3）在开机后或执行 M30 时，系统立刻进入取消刀补模式。程序必须在取消刀补模式下（如 T0100）结束。否则，刀具不能在终点定位，刀具停止在离终点一个向量长度的位置。

4）刀尖半径补偿的建立与取消只能使用 G00 或 G01 代码，不能使用圆弧代码（G02 或 G03）。

5）在调用子程序前（即执行 M98 代码前），系统必须在取消刀补模式。进入子程序后，可以启动偏置模式，但在返回主程序前（即执行 M99 代码前）必须为取消刀补模式。

6）如果补偿量（R）是负数，在程序中 G41 与 G42 彼此交换。如果刀具中心沿工件外侧移动，刀尖将会沿内侧移动，反之亦然。因为当补偿量符号改变时，刀尖偏置方向也改变，但假想刀尖方位号不变，所以不要随意改变。

7）通常在取消刀补模式或换刀时，修改刀补数据。如果在刀补模式中变更补偿量，只有在换刀后新的补偿量才有效。

8）当程序在执行刀补程序时，因各种原因出现错误或者报警，这时候按复位键就可以直接取消刀补状态。

二、刀尖半径补偿指令应用实例

编写图 7-8 所示工件轮廓的精加工程序，见表 7-2。T01：90°外圆车刀；刀尖半径 $R0.6$mm；刀位号：3。

在精加工循环（G70）中，可以实现刀尖半径补偿，刀具中心轨迹会沿着精加工轨迹自动偏置一个补偿值。实现 G70 刀尖半径补偿时，G70 可以与 G41/G42 共段执行，或者在精加工循环段指定 G41/G42。

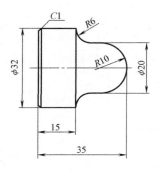

图 7-8　练习图

例：用 G71、G70 代码改编写图 7-8 所示工件轮廓的粗、精加工程序，见表 7-3。毛坯尺寸：ϕ35mm。T01：90°外圆车刀，刀尖半径 $R0.6$mm；刀位号：3。

表 7-2　轮廓精加工程序

程　　序	说　　明
O7001；	
T0101；	90°外圆车刀，刀尖半径 $R0.6$mm，刀位号为 3
G00 X100 Z100；	
M03 S500；	
G42 G00 X0 Z5；	精加工开始之前建立刀补
G01 Z0 F80；	
G03 X20 Z-10 R10；	
G01 Z-14；	
G02 X32 Z-20 R6；	
G01 Z-40；	
G40 G00 X100 Z100；	精加工结束后取消刀补
M30；	

表 7-3　轮廓粗、精加工程序

程　　序	说　　明
O7002；	
T0101；	90°外圆车刀，刀尖半径 $R0.6$mm，刀位号为 3
G00 X100 Z100；	
M03 S500；	
X35 Z5；	
G71 U1.5 R2	
G71 P10 Q20 U0.3 W0 F80	
N10 G00 X0	
G01 Z0；	
G03 X20 Z-10 R10；	
G01 Z-14；	
G02 X32 Z-20 R6；	
N20 G01 Z-40；	
G00 X100 Z100；	
M03 S800；	
G42 G70 P10 Q20 F60；	G42 与 G70 共段执行刀尖半径补偿
G40 G00 X100 Z100；	精加工结束后取消刀具半径补偿
M30	

【任务实施】

一、拟定加工顺序

过工过程中，先加工工件左端外圆及55°锥角，后加工右端，车螺纹，见表7-4。

表7-4　加工顺序

顺序	程序	刀具选择		加工内容	
		刀具号	名称及规格	方式	部位
1		夹工件右端，加工左端，伸出长约60mm。找正，夹紧			
2	O0701	T01	90°外圆车刀，刀尖半径0.6mm	粗、精	外圆:φ40mm、φ48mm 长度:40mm、50mm
		T02	3mm切断刀，右后刀尖对刀，半径0.4mm	粗、精	55°锥角
3		掉头，夹工件左端φ40mm，伸出至台阶，加工右端，打表找正，保证同轴度要求0.015mm，夹紧			
4		T01试切工件端面，保证总长100mm，并重新设定工件坐标			
5	O0702	T01	90°外圆车刀，刀尖半径0.6	粗、精	外圆:φ25mm，M24 外圆长度:40mm
6	O0703	T03	60°外螺纹车刀	粗、精	外螺纹:M24×2 长度:20mm

二、拟列出量具清单（表7-5）

表7-5　量具清单

序号	名称	规格	数量	备注
1	游标卡尺	0~125mm	1	测外圆,长度
2	外径千分尺	25~50mm	1	测外圆
3	钢直尺	0~200mm	1	
4	螺纹环规(通、止)	M24×2	1	测M24×2外螺纹
5	游标万能角度尺		1	测55°锥角

三、刀尖半径补偿值的设置（图7-9）

序号	X	Z	R	T
001	0.020	0.030	0.600	3
002	0.060	0.060	0.400	3
003	...	...	0.000	...

图7-9　刀尖半径补偿值的设置

四、拟定参考加工程序

工件加工示意图如图7-10所示，参考加工程序见表7-6。

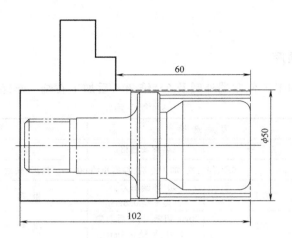

图 7-10　加工示意图 1

表 7-6　参考加工程序 1

程　　序	说　　明
O0701；	加工外圆 $\phi 40mm$、$\phi 48mm$
T0101；	90°外圆车刀
G00 X100 Z100；	
M03 S500；	
G00 X50 Z2；	
G71 U2 R1；	
G71 P10 Q20 U0.3 W0 F100；	
N10 G00 X30；	
G01 Z0 F60；	
G03 X40 Z-5 R5；	
G01 Z-40；	
X46；	
X48 Z-41；	
N20 Z-55；	
M03 S800；	
G42 G70 P10 Q20；	建立刀具半径补偿
G40 G00 X100 Z100；	取消刀具半径补偿
T0202；	3mm 切断刀，右刀尖对刀，加工 55°锥角
M03 S500；	
G00 X49；	
Z-37；	
G01 X30 F50；	
G00 X49；	
G72 W2 R1；	
G72 P30 Q40 U0.3 W0 F50；	
N30 G00 Z-29.859；	
G01 X40；	
N40 X30 Z-37；	
G42 G70 P30 Q40；	建立刀具半径补偿
G40 G00 X100 Z100；	取消刀具半径补偿
M30；	

工件加工示意图如图 7-11 所示，参考加工程序见表 7-7。

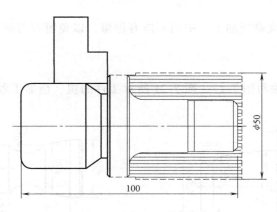

图 7-11　加工示意图 2

表 7-7　参考加工程序 2

程　序	说　明
O0702 ~ O0703	
O0702；	加工外圆 $\phi25\text{mm}$
T0101；	90°外圆车刀
G00 X100 Z100；	
M03 S500；	
G00 X50 Z2；	
G71 U2 R1；	
G71 P10 Q20 U0.3 W0 F100；	
N10 G00 X20；	
G01 Z0 F60；	
X23.8 Z-2；	
Z-23；	
X25；	
Z-44；	
G02 X37 Z-50 R6；	
G01 X46；	
N20 X48 Z-51；	
M03 S800；	
G42 G70 P10 Q20；	建立刀具半径补偿
G40 G00 X100 Z100；	取消刀具半径补偿
M30；	
O0703；	加工 M24×2 外螺纹
T0303；	60°外螺纹车刀
G00 X100 Z100；	
M03 S1000；	
G00 X25 Z3；	
G92 X22.5;Z-20 F2；	$M24\times2$, $d_1 = d - 1.3p = 21.3$，进刀次数和切深量请参考
G92 X21.3;Z-20 F2；	项目五表 5-2
G00 X100 Z100；	
M30；	用 M24×2 通、止规检测螺纹，根据实际配合情况修改刀补值，重新运行程序

【经验总结】

精加工外轮廓应连续路径加工，中间不应有停留，以免留有刀痕，影响表面质量。

【拓展训练】

用 G40 ~ G42 代码编写图 7-12 ~ 图 7-21 所示工件的粗、精加工程序。

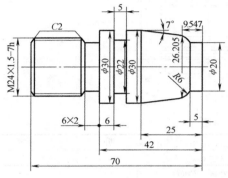

图 7-12　练习图一

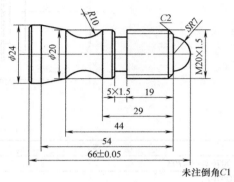

未注倒角C1

图 7-13　练习图二

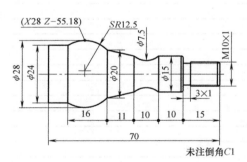

未注倒角C1

图 7-14　练习图三

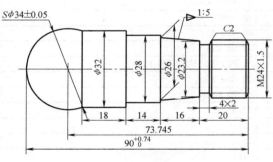

图 7-15　练习图四

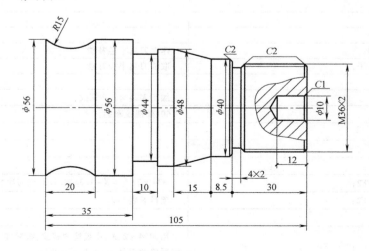

图 7-16　练习图五

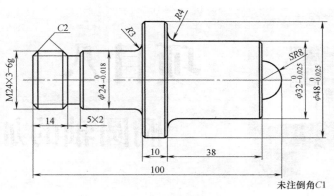

图 7-17 练习图六

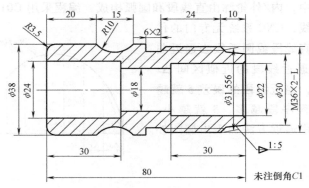

图 7-18 练习图七

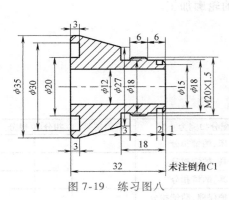

图 7-19 练习图八

A（X28.894,Z-2.563）
B（X30.462,Z-3.606）

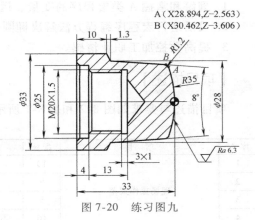

图 7-20 练习图九

图 7-21 练习图十

项目八

椭圆轴的加工

前述项目零件图中，内/外轮廓由直线段和圆弧构成，编程采用 G01、G02 或 G03 代码。

而对于一些特殊的曲线，CNC 系统无专门的代码，常用多个微小的直线段或圆弧段去逼近曲线，如图 8-1 所示。逼近线段的近似区间 Δx 越大，则节点数越少，逼近线段的误差 δ 就越大；反之 Δx 越小，程序段越多，δ 就越小。本项目将用等直线间距逼近方法加工出椭圆外轮廓。

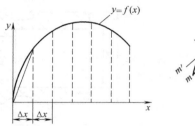

图 8-1 等间距逼近曲线

【学习目标】

1. 理解和掌握 A 类宏程序的变量、运算等指令使用方法。
2. 灵活运行宏程序编程方法解决椭圆等二元曲线的轮廓加工。
3. 提高数控加工职业情感。

【项目描述】

项目描述与要求如图 8-2 和表 8-1 所示。

表 8-1 考核评分记录

序号	项目	配分	评分标准(各项配分扣完为止)	检测结果	扣分	得分
1	现场操作规范	10	不正确使用机床,酌情扣分			
2		5	不正确使用量具,酌情扣分			
3		5	不正确使用刃具,酌情扣分			
4		10	不正确进行设备维护保养,酌情扣分			
5	总长(68±0.3)mm	6	每超差 0.1mm 扣 3 分			
6	外径 ϕ(46±0.02)mm	8	每超差 0.01mm 扣 4 分			
7	外径 ϕ(24±0.02)mm	8	每超差 0.01mm 扣 4 分			
8	长度 20mm	6	每超差 0.1mm 扣 3 分			
9	长度 38.7mm	6	每超差 0.1mm 扣 3 分			
10	椭圆:43mm×40mm	16	不合格全扣分			
11	倒角 C1	2	不合格扣 1 分			
12	表面粗糙度值 Ra1.6μm(3 处)	18	每处降低一个等级扣 6 分			
13	考核时间		每超时 10min 扣 5 分			
合计		100			总分:	

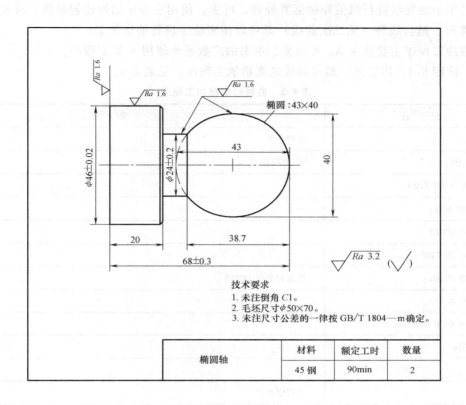

技术要求
1. 未注倒角 C1。
2. 毛坯尺寸 $\phi 50 \times 70$。
3. 未注尺寸公差的一律按 GB/T 1804—m 确定。

椭圆轴	材料	额定工时	数量
	45 钢	90min	2

图 8-2　项目零件图

【知识链接】

一、宏程序

1. 宏程序与主程序

宏程序是将一组能够实现某种功能的指令，以子程序的形式存储在数控机床系统中，可以调用指令执行该功能，如图 8-3 所示。

宏程序与一般程序的主要区别是：在一般程序中，程序字为常量，一段程序仅能描述一个几何形状，缺乏灵活性。而用宏程序进行编程时，采用变量的方式进行编程，利用宏程序

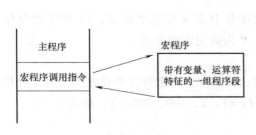

图 8-3　主程序与宏程序关系

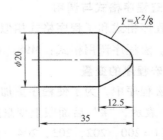

图 8-4　练习图一

指令对程序中的变量进行赋值和做运算处理。可见，使用宏程序编程比较灵活，有规律的曲线（如椭圆、抛物线等二元二次曲线）都可以用宏程序进行编程加工。

常用的宏程序主要分为 A、B 两类，本书的广数系统使用 A 类宏程序。

例：读图 8-4，用宏程序编写曲线轮廓精加工程序，见表 8-2。

表 8-2　曲线轮廓精加工程序

程　　序	说　　明
O8001；	主程序名
N10 T0101；	90°外圆车刀
N20 G00 X100 Z100；	
N30 S600 M03；	
N40 G00 X0 Z2；	
N50 G01 Z0 F100；	
N60 M98 P0101；	调用宏程序 O0101
N70 G01 Z-35；	
N80 G00 X100 Z100；	
N90 M30；	
O0101；	宏程序名
G65 H01 P#101 Q0；	赋值运算，变量#101 = 0，Z 轴的坐标值
G65 H01 P#102 Q0；	赋值运算，变量#102 = 0，X 轴的坐标值
N100 G01 X#102 Z#101 F100；	行号 N100，直线插补 X、Z 坐标值，"逼近"曲线轮廓
G65 H03 P#101 Q#101 R0.1；	减法运算，变量#101 = #101 − 0.1
G65 H04 P#100 Q#101 R−32；	乘法运算，变量#100 = #101 * (−32)
G65 H21 P#102 Q#100；	开方运算，变量#102 = $\sqrt{\#100}$
G65 H86 P100 Q#102 R20；	条件转移，当变量#102 = 20 时，转到 N100 行执行
M99；	宏程序结束，返回到主程序

说明：O8001 是主程序，它以 M30 结束；O0101 是宏程序，它以 M99 结束。

2. 宏程序格式与调用

宏程序格式和子程序格式相似，都是由程序号 O 及 4 位数字组成，以 M99 指令作为程序结束。宏程序调用格式：M98　P＿＿＿＿；P 为指定宏程序名。

3. 宏程序的变量

在宏程序中，为了使程序更加具有通用性、灵活性，在宏程序中设置了变量，变量用符号"#"表示，"#"后面跟上变量序号，如 i（i = 1，2，100，200…），格式如下：

#（i = 200，202，203，204…）

例如：#205，#209，#1005。

变量的引用，它可以置换地址后的数值。

例如：X#100　当#100 = 40 时，表示 X = 40，与指令 X = 40 是一样的。

　　Z-#101　当#101 = 50 时，表示 Z = -50 与指令 Z = -50 是一样的。

在宏程序中，变量分为三类：局部变量、公共变量、系统变量。局部变量是指在宏程序局部位置使用的变量，该变量只在当前局部位置有用，在其他位置出现同样的变量时，应该是指不一样的值。如在 A 宏程序调用 B 程序时，两个程序中都有#1，此时 A 中的#1 和 B 中的#1 不是同一个变量。

公共变量是贯穿整个程序的变量，如在 A 宏程序调用 B 程序时，两个程序中都有#100，此时 A 中的#100 和 B 中的#100 是同一个变量。

系统变量是指 I/O 设备的信号值。接口输入信号#1000 ~ #1031，接口输出信号#1100 ~ #1131。系统读取到作为接口信号的系统变量#1000 ~ #1031 的值后，便可知道接口输入信号的状态。可以给系统变量#1100 ~ #1131 赋值，以改变输出信号的状态。

4. 运算、转移指令

格式：

G65 Hm P#i Q#j R#k

Hm——运算命令或转移命令功能；

P#i——存入运算结果的变量名；

Q#j——进行运算的变量名 1，可以是常数；

R#k——进行运算的变量名 2，可以是常数。

该指令表示的意义为：#i = #jO#k；"O"是指运算符号，由 Hm 指定。Hm 宏功能指令见表 8-3。

表 8-3　Hm 宏功能

H 码	功能	定义	格式	举例
H01	赋值	#i = #j	G65 H01 P#i Q#j	G65 H01 P#101 Q15 即#101 = 15
H02	加法	#i = #j + #k	G65 H02 P#i Q#j R#k	G65 H02 P#101 Q#102 R15 即#101 = #102 + 15
H03	减法	#i = #j - #k	G65 H03 P#i Q#j R#k	G65 H03 P#101 Q#102 R#103 即#101 = #102 - #103
H04	乘法	#i = #j * #k	G65 H04 P#i Q#j R#k	G65 H04 P#101 Q#102 R#103 即#101 = #102 * #103
H05	除法	#i = #j ÷ #k	G65 H05 P#i Q#j R#k	G65 H05 P#101 Q#102 R#103 即#101 = #102 ÷ #103
H11	或	#i = #jOR#k	G65 H11 P#i Q#j R#k	G65 H11 P#101 Q#102 R#103 即#101 = #102 OR #103
H12	与	#i = #jAND#k	G65 H12 P#i Q#j R#k	G65 H12 P#101 Q#102 R#103 即#101 = #102 AND #103

（续）

H 码	功能	定义	格式	举例
H13	异或	$\#i = \#j\,XOR\,\#k$	G65 H13 P#i Q#j R#k	G65 H13 P#101 Q#102 R#103 即#101 = #102 XOR #103
H21	开平方	$\#i = \sqrt{\#j}$	G65 H21 P#i Q#j	G65 H21 P#101 Q#102 即#101 = $\sqrt{\#102}$
H22	绝对值	$\#i = \sqrt{\#j}$	G65 H22 P#i Q#j	G65 H22 P#101 Q#102 即#101 = |#102|
H23	取余数	$\#i = \#j - trunc$ $(\#j \div \#k) \times \#k$	G65 H23 P#i Q#j R#k	G65 H23 P#101 Q#102 R#103 即#101 = #102-trunc（#102 ÷ #103）× #103
H24	十进制变 二进制	$\#i = BIN(\#j)$	G65 H24 P#i Q#j	G65 H24 P#101 Q#102 即#101 = BIN（#02）
H25	二进制变 十进制	$\#i = BCD(\#j)$	G65 H25 P#i Q#j	G65 H25 P#101 Q#102 即#101 = BCD（#02）
H26	复合乘、 除运算	$\#i = \#i \times \#j \div \#k$	G65 H26 P#i Q#j R#k	G65 H26 P#101 Q#102 R#103 即#101 = #101 × #102 ÷ #103
H27	复合 平方根加	$\#i = \sqrt{\#j^2 + \#k^2}$	G65 H27 P#i Q#j R#k	G65 H27 P#101 Q#102 R#103 即#101 = $\sqrt{\#102^2 + \#103^2}$
H28	复合 平方根减	$\#i = \sqrt{\#j^2 - \#k^2}$	G65 H28 P#i Q#j R#k	G65 H28 P#101 Q#102 R#103 即#101 = $\sqrt{\#102^2 - \#103^2}$
H31	正弦	$\#i = \#j \times SIN(\#k)$ 单位：°（度）	G65 H31 P#i Q#j R#k	G65 H31 P#101 Q#102 R#103 即#101 = #102 × SIN（#103）
H32	余弦	$\#i = \#j \times COS(\#k)$ 单位：°（度）	G65 H32 P#i Q#j R#k	G65 H32 P#101 Q#102 R#103 即#101 = #102 × COS（#103）
H33	正切	$\#i = \#j \times TAN(\#k)$ 单位：°（度）	G65 H33 P#i Q#j R#k	G65 H33 P#101 Q#102 R#103 即#101 = #102 × TAN（#103）
H34	反正切	$\#i = ATAN(\#j \div \#k)$ 单位：°（度）	G65 H34 P#i Q#j R#k （$0° \leq \#i \leq 360°$）	G65 H34 P#101 Q#102 R#103 即#101 = ATAN（#102 ÷ #103）
H80	无条件转移	GOTO n	G65 H80 Pn；n 为顺序号	G65 H80 P120 即转移到 N120 程序段
H81	条件转移 等于	IF #j = #k GOTO n	G65 H81 Pn Q#j R#k	G65 H81 P1000 Q#101 R#102 即当#101 = #102 时，转到 N1000；否则，顺次 执行
H82	条件转移 不等于	IF #j≠ #k GOTO n	G65 H82 Pn Q#j R#k	G65 H82 P1000 Q#101 R#102 即当#101 ≠ #102 时，转到 N1000；否则，顺次 执行
H83	条件转移 大于	IF #j > #k GOTO n	G65 H83 Pn Q#j R#k	G65 H83 P1000 Q#101 R#102 即当#101 > #102 时，转到 N1000；否则，顺次 执行

（续）

H 码	功能	定 义	格 式	举 例
H84	条件转移 小于	IF #j < #k GOTO n	G65 H84 Pn Q#j R#k	G65 H84 P1000 Q#101 R#102 即当#101 < #102 时，转到 N1000；否则，顺次执行
H85	条件转移 大于等于	IF #j ≥ #k GOTO n	G65 H85 Pn Q#j R#k	G65 H85 P1000 Q#101 R#102 即当#101 ≥ #102 时，转到 N1000；否则，顺次执行
H86	条件转移 小于等于	IF #j ≤ #k GOTO n	G65 H86 Pn Q#j R#k	G65 H86 P1000 Q#101 R#102 即当#101 ≤ #102 时，转到 N1000；否则，顺次执行

例：计算数值 1~50 的总和，见表 8-4。

表 8-4　累计总和宏程序

程 序	说 明
O8002;	
G65 H01 P#101 Q0;	赋累计总和数变量的初值
G65 H01 P#102 Q1;	赋被加数变量的初值
N5 G65 H83 P20 Q#102 R50;	如果被加数大于 50 时转移到 N20
G65 H02 P#101 Q#101 R#102	累计算总和数
G65 H02 P#102 Q#102 R1;	下一个被加数
G65 H80 P5;	无条件转移到 N5
N20 M30;	程序结束

例：编写图 8-5 所示外轮廓精加工程序。

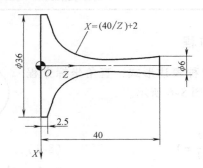

图 8-5　练习图二

曲线方程为：$X = (40/Z) + 2$，以 Z 值为自变量，每次减小 0.1，X 值为应变量。设定变量表（表 8-5），完成见表 8-6。

表 8-5　变量表示内容

变量	表示内容	表达式	取值范围/mm
#101	Z 坐标	自变量	2.5 ~ 40
#100	中间变量	#100 = 80/#101	
#102	X 坐标	#102 = #100 + 4	$\phi6 ~ \phi36$

表 8-6　曲线外轮廓加工程序

程　　　序	说　　　明
O8003；	
T0101；	35°外圆车刀，尖刀
G00 X100 Z100；	
S800 M03；	
G00 X6 Z45；	
M98 P0102；	调用加工曲线宏程序 O0102
G01 Z0；	
G00 X100 Z100；	
M30；	
O0102；	加工曲线宏程序名
G65 H01 P#101 Q40；	赋 Z 坐标初值
G65 H01 P#102 Q6；	赋 X 坐标初值
N100 G01 X#102 Z#101 F80；	行号 N100，直线插补 X、Z 坐标值，"逼近"曲线轮廓
G65 H03 P#101 Q#101 R0.1；	Z 坐标值累减 0.1
G65 H05 P#100 Q80 R#101；	计算中间变量值：#100 = 80/#101
G65 H02 P#102 Q#100 R4；	计算 X 坐标：#102 = #100 + 4
G65 H85 P100 Q#101 R2.5；	当 Z 坐标值≥2.5 时，转移到 N100
M99；	宏程序结束

二、二元二次曲线的方程

二元二次曲线的方程有两种表达形式：直角坐标方程和参数方程。如椭圆方程，如图 8-6 所示。

直角坐标方程为

$$\frac{x^2}{a^2} + \frac{y^2}{b^2} = 1 \qquad (8\text{-}1)$$

参数方程为

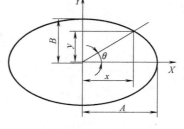

A：长半轴，B：短半轴，θ：圆心角。

图 8-6　椭圆

$$x = a\cos\theta, \ y = b\sin\theta \qquad (8\text{-}2)$$

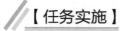【任务实施】

一、拟定加工顺序

先加工工件左端；然后掉头夹 46mm，加工椭圆，椭圆分左、右部分，先粗加工，后精加工，见表 8-7。

表8-7 加工顺序

顺序	程序	刀具选择		加工内容	
		刀具号	名称及规格	方式	部位
1		夹工件右端,加工左端,伸出长约60mm,找正,夹紧			
2	O0801	T01	90°外圆车刀	粗、精	外圆:ϕ46mm 长度:20mm
3		掉头,夹工件左端ϕ46,伸出长约56mm,加工右端,打表找正,夹紧			
4		T01试切工件端面,保证总长68mm,并重新设定工件坐标			
5	O0802	T01	90°外圆车刀	粗	椭圆右半部分
6	O0803	T02	3mm切断刀, 右刀尖对刀	粗	椭圆左半部分
7	O0804	T03	35°外圆车刀(尖刀)	精	全椭圆

二、拟列出量具清单（表8-8）

表8-8 量具清单

序号	名称	规格	数量	备注
1	游标卡尺	0~125mm	1	测外圆,长度
2	外径千分尺	25~50mm	1	测外圆
3	钢直尺	0~200mm	1	

三、拟定参考加工程序

工件加工示意图如图8-7所示,参考加工程序见表8-9。

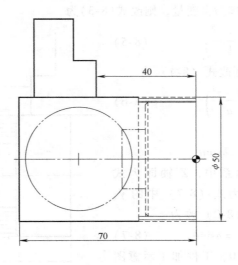

图8-7 加工示意图1

表 8-9　参考加工程序 1

程　　序	说　　明
O0801；	加工外圆 $\phi40$mm、$\phi48$mm
G00 X100 Z100；	
M03 S500；	
T0101；	90°外圆车刀
G00 X50 Z2；	
G90 X46.6 Z-25 F100；	
M03 S800；	
G01 X44 F60；	
Z0.0；	
X46 Z-1；	
Z-55；	
G00 X100；	
Z100；	
M30；	

根据式（8-1）

$$\frac{x^2}{a^2} + \frac{y^2}{b^2} = 1$$

取 y 为自变量，则

$$x = \pm a \sqrt{1 - \frac{y^2}{b^2}} \qquad (8-3)$$

如果取 x 为自变量，则

$$y = \pm b \sqrt{1 - \frac{x^2}{a^2}} \qquad (8-4)$$

在数控车床工件坐标系中，Z 轴即式（8-3）、式（8-4）中的 x，X 轴即式（8-3）、式（8-4）中的 y;，如果 X 轴作为自变量，则改式（8-3）为

$$z = a\text{SQRT}\left(\frac{1 - x^2}{b^2}\right) \qquad (8-5)$$

而 Z 轴作为自变量，则改式（8-4）为

$$x = b\text{SQRT}\left(\frac{1 - z^2}{a^2}\right) \qquad (8-6)$$

根据式（8-2）

$$x = a\cos\theta, \quad y = b\sin\theta$$

在数控车床工件坐标系中，Z 轴即为式（8-2）中的 x，而 X 轴即为式（8-2）中的 y；如果取 θ 为自变量，则式（8-2）改为

$$z = a\cos\theta \qquad x = b\sin\theta \qquad (8-7)$$

右半椭圆半量见表 8-10，工件加工示意图如图 8-8 所示，参考加工程序 2 见表 8-11。

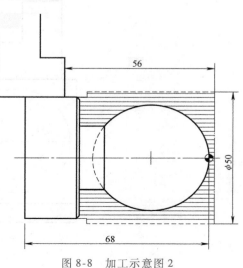

图 8-8　加工示意图 2

表 8-10 右半椭圆变量

变量	表示内容	表达式	取值范围
#102	式(8-5)中的 X 坐标	自变量,每次累减 2mm,即#102 = #102 − 2	0 ~ 20
#101	式(8-5)中的 Z 坐标	$#101 = 21.5 \times \sqrt{1 - \dfrac{#102^2}{20^2}}$	
#103	工件上 Z 轴坐标值	#103 = #101 − 21.5	
#104	工件上 X 轴坐标值	#104 = 2 * #102 + 0.3(0.3mm 为粗加工余量)	

表 8-11 参考加工程序 2

程序	说明
O0802 ~ O0804	
O0802;	椭圆右半部分粗车
T0101;	90°外圆车刀
G00 X100 Z100;	
M03 S500;	
G00 X50 Z2;	
M98 P0201;	调用宏程序 O0201
G00 X100. Z100;	
M30;	
O0201;	宏程序,椭圆右半部分粗车
G65 H01 P#102 Q20	#102 = 20
N1 G65 H05 P#121 Q#102 R20(除法)	
G65 H04 P#122 Q#121 R#121(乘法)	
G65 H03 P#123 Q1 R#122(减法)	$#101 = 21.5 \times \sqrt{1 - \dfrac{#102^2}{20^2}}$
G65 H21 P#124 Q#123(开方根)	其中#121 ~ #124 为中间变量
G65 H04 P#101 Q21.5 R#124(乘法)	
G65 H03 P#103 Q#101 R21.5(减法)	#103 = #101 − 21.5
G65 H04 P#125 Q2 R#102(乘法)	#104 = 2 * #102 + 0.3;
G65 H02 P#104 Q#125 R0.3(加法)	其中#125 为中间变量
G00 X#104;	X 轴进刀
G01 Z#103 F100;	Z 轴切削加工
G00 U1 Z0.5;	退刀
G65 H03 P#102 Q#102 R2(减法)	#102 = #102 − 2
G65 H85 P1 Q#102 R0	条件转移,当#102 ≥ 0 时,转到 N1,否则转到 M99
M99;	

左半椭圆变量见表 8-12,参考加工程序 3 见表 8-13。

表 8-12 左半椭圆变量

变量	表示内容	表达式	取值范围
#152	式(8-6)中的 Z 坐标	自变量,每次累减 2.15mm,即#152 = #152 − 2.15	17.2 ~ 0
#151	式(8-6)中的 X 坐标	$#151 = 20 \times \sqrt{1 - \dfrac{#152^2}{21.5^2}}$	
#153	工件上 Z 轴坐标值	#153 = #152 − 21.5	
#154	工件上 X 轴坐标值	#154 = #151 * 2 + 0.3(0.3mm 为粗加工余量)	

表 8-13 参考加工程序 3

程序	说明
O0803;	椭圆左半部分粗车
T0202;	3mm 切断刀,右刀尖对刀
G00 X100 Z100;	
M03 S500;	

续表

程序	说明
G00 X50 Z−45;	
G01 X24.3 F60;	
G00 X50;	
G01 Z−42;	
X24.3;	
G00 X50;	
M98 P0202;	调用宏程序 O0202
G00 X100 Z100;	
M30;	
O0202	宏程序,椭圆左半部分粗车
G65 H01 P#152 Q0;	#152 = 0
N2 G65 H05 P#181 Q#152 R21.5;（除法）	行号为 N2 程序
G65 H04 P#182 Q#181 R#181（乘法）	$#151 = 20 \times \sqrt{1 - \dfrac{#152^2}{21.5^2}}$
G65 H03 P#183 Q1 R#182（减法）	
G65 H21 P#184 Q#183（开方根）	
G65 H04 P#151 Q20 R#184（乘法）	其中#181 ~ #184 为中间变量
G65 H03 P#153 Q#152 R21.5（减法）	#153 = #152 − 21.5
G65 H04 P#185 Q2 R#151（乘法）	#154 = #151 * 2 + 0.3
G65 H02 P#154 Q#185 R0.3（加法）	其中#185 为中间变量
G00 Z#153;	Z 轴进刀
G01 X#154 F60	X 轴切削加工
G00 X50;	X 轴退刀
G65 H03 P#152 Q#152 R2.15（减法）	#152 = #152 − 2.15
G65 H85 P2 Q#152 R−17.2;	条件转移,当#152 大于等于 −17.2 时,转到 N2,否则转到 M99
M99;	

椭圆球变量见表 8-14,参考加工程序见表 8-15。

表 8-14　椭圆球变量

变量	表示内容	表达式	取值范围
#191	式(8-7)中的 θ	自变量,每次累加 1°,#191 = #191 + 1	0 ~ 145°
#192	工件上 X 轴坐标值	#192 = 2 * 20 * SIN(#191)	
#193	工件上 Z 轴坐标值	#193 = 21.5 * COS(#191) − 21.5	

表 8-15　参考加工程序 4

程序	说明
O0804;	椭圆球精加工
T0303;	35°外圆车刀
G00 X100 Z100;	
M03 S800;	
G00 X0;	
Z2;	
G01 Z0 F60;	
M98 P0203;	调用宏程序 O0203
G01 X24 Z−38.7 F60;	
Z−48;	

续表

程序	说明
X44;	
X46 Z－49;	
G00 X100 Z100;	
M30;	
O0203	宏程序,椭圆球精加工
G65 H01 P#191 Q0;	#191 = 0
N100 G65 H31 P#160 Q1 R#191（正弦） G65 H04 P#192 Q40 R#160（乘法）	$\#192 = 2 * 20 * \mathrm{SIN}(\#191)$ 其中#160 是中间变量
G65 H32 P#161 Q1R#191（余弦） G65 H04 P#162 Q21.5 R#161（乘法） G65 H03 P#193 Q#162 R21.5（减法）	$\#193 = 21.5 * \mathrm{COS}(\#191) - 21.5$ 其中#161、#162 是中间变量
G01 X#192 Z#193 F60;	直线插补切削加工
G65 G02 P#191 Q#191 R1（加法）	每次累加 1,#192 = #191 + 1
G65 H86 P100 Q#191 R145;	条件转移,当#191≤145 时,转到 N100,否则转到 M99
M99;	

【拓展训练】

用宏程序编写图 8-9、图 8-10 所示工件的粗、精加工程序。

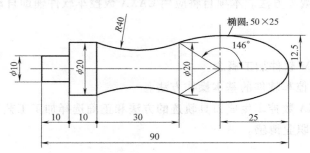

图 8-9　练习图一

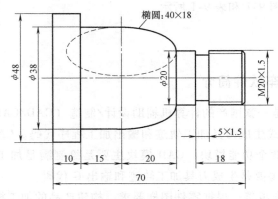

图 8-10　练习图二

项目九

数控车床自动编程加工

数控车床编程有手工编程和自动编程两种。手工编程是从零件图样分析及工艺处理、数值计算、编写程序单直至程序检验，均由人工完成，项目一至项目八都是手工编程来完成的；自动编程是使用计算机辅助进行数控机床程序的编制工作，即由计算机自动进行数值计算来编制零件加工程序单。

对于轮廓形状不是由简单的直线、圆弧组成的复杂零件，特别是空间曲面零件，以及程序量很大、计算相当繁琐、易出错、难校对的零件，手工编制程序是难以完成的，甚至是无法实现的。因此，为了缩短生产周期，提高生产率，减少出错率，解决各种复杂零件的加工问题，必须采用自动编程方法。本项目将应用 CAXA 数控车软件辅助自动编程。

【学习目标】

1. 了解 CAD/CAM 软件加工概念。
2. 掌握 CAXA 数控车软件的基本操作方法。
3. 熟练掌握 CAXA 数控车生成刀具轨迹的方法和正确选择加工工艺参数。
4. 培养数控加工职业情感。

【项目描述】

项目描述与要求如图 9-1 和表 9-1 所示。

【知识链接】

一、CAXA 数控车软件简介

CAXA 数控车软件是一款国产的计算机辅助设计/制造（CAD/CAM）软件，它通过绘制 CAD 零件模型，能交互式生成刀具加工轨迹和输出加工程序代码。CAXA 数控车软件简单易学，它有 CAD 和 CAM 两个功能模块。CAD 模块主要是绘制满足加工要求的零件模型（加工造型），而 CAM 模块主要是生成刀具加工轨迹和输出 G 代码。

CAXA 数控车的工作步骤：根据零件图样要求，构建产品的加工模型→正确选择加工工艺方法和参数→仿真验证→后处理→输出加工程序文件。通常程序代码要做适当的修改编辑，使符合当前数控车床控制系统的程序格式要求。

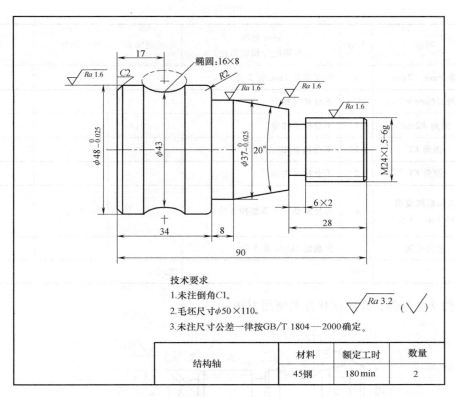

图 9-1　项目零件图

表 9-1　考核评分记录

序号	项目	配分	评分标准 (各项配分扣完为止)	检测结果	扣分	得分
1	现场操作规范	6	不正确使用机床,酌情扣分			
2		4	不正确使用量具,酌情扣分			
3		4	不正确使用刃具,酌情扣分			
4		6	不正确进行设备维护保养,酌情扣分			
5	总长 90mm	6	每超差 0.1mm 扣 3 分			
6	外径 $\phi48\,^{0}_{-0.025}$ mm	8	每超差 0.01mm 扣 4 分			
7	外径 $\phi37\,^{0}_{-0.025}$ mm	8	每超差 0.01mm 扣 4 分			
8	M24 × 1.5-6g	8	螺纹环规检验,不合格全扣			
9	20°锥面	8	每超差 30″扣 2 分			
10	长度 34mm	4	每超差 0.1mm 扣 2 分			
11	长度 28mm	4	每超差 0.1mm 扣 2 分			
12	长度 8mm	4	每超差 0.1mm 扣 2 分			

（续）

序号	项目	配分	评分标准 （各项配分扣完为止）	检测结果	扣分	得分
13	槽:6mm×2mm	4	每超差 0.1mm 扣 2 分			
14	椭圆:16mm×8mm	12	不合格全扣分			
15	圆角 R2mm	2	不合格全扣分			
16	倒角 C2	2	不合格全扣分			
17	倒角 C1	2	不合格全扣分			
18	表面粗糙度值 Ra1.6μm(4 处)	8	每处降低一个等级扣 2 分			
19	考核时间		每超时 10min 扣 5 分			
合计		100			总分:	

现以图 9-2 为例，介绍该软件的使用方法。

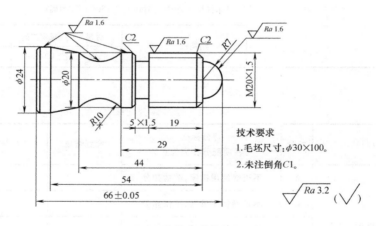

图 9-2　训练图

二、CAXA 数控车软件 CAD 操作

1. CAXA 数控车软件界面

图 9-3 所示为 CAXA 数控车软件界面。

（1）CAXA 命令方式　提供两种命令方式，单击下拉菜单或图标工具条选择相对应的操作，初学者一定要注意屏幕左下角的"命令"提示行，并根据绘图情况，单击选项或输入参数。

（2）鼠标键使用方法　单击左键为选取目标；单击右键为确定、弹出快捷菜单或重复上一命令；按中键为拖放视图位置，通过滚轮来实现放大、缩小。

CAXA 数控车软件提供便捷、详细的帮助功能，初学者可充分利用：单击："下拉菜单"→"帮助"→ 帮助索引(C) ，弹出帮助窗口，如图 9-4 所示。

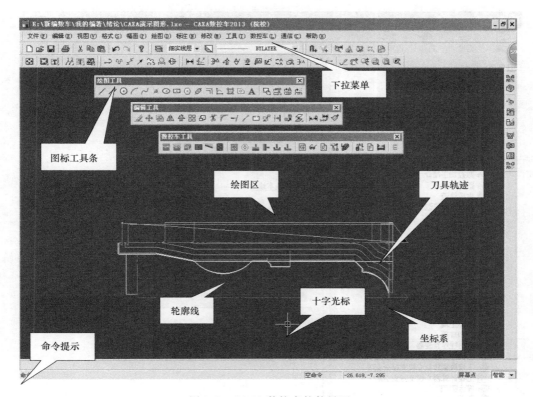

图 9-3　CAXA 数控车软件界面

2. 绘制加工模型

操作步骤如下。

1）转换当前绘图图层：通过对应的选项，如图 9-5 所示。

2）画圆弧 $R7$mm，先以坐标原点为圆心，如图 9-6 所示，然后再以圆左边的四分点为圆心，画 $R7$mm 的圆；最后删除第一个圆。结果如图 9-7 所示。

3）画直线段，垂直长度 3mm，如图 9-8 所示；同理，重复画线段，长度分别为 19mm、1.5mm、5mm、1.5mm、5mm、15mm、10mm、2mm，结果如图 9-9 所示。

4）画斜线，直接捕捉两端点，如图 9-10 所示，并删除长度 10mm、2mm 两线段，如图 9-11 所示。

5）继续画直线段，水平长度 10mm，如图 9-12 所示；重复画线段，垂直长度 3mm，结果如图 9-13 所示。

6）画 $R10$mm 凹圆弧：分别以直线段 15 两端点为圆心，以半径 10mm 画两个圆，然后以两圆交点为圆心画 $R10$mm 凹圆弧，最后删除两辅助圆，如图 9-14。

7）修剪多余部分图形：直接点选要剔除的部分线段，如图 9-15 所示，效果如图 9-16 所示。

8）倒角 $C2$：选取要倒角的两条直线，如图 9-17 所示，效果如图 9-16 所示。

9）新建图层（双点画线所示）并置为当前层，图 9-18 所示。

10）画毛坯轮廓，效果如图 9-19 所示，并保存文件名。

图 9-4　帮助窗口

图 9-5　设置图层

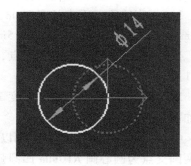

图 9-6　设置画图　　　　　　　　　　　图 9-7　画圆弧

图 9-8　设置画直线段

10
15
5
5
19
3
φ14
2
1.5

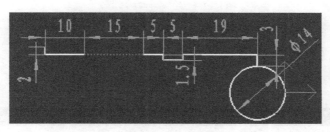

图 9-9　画直线

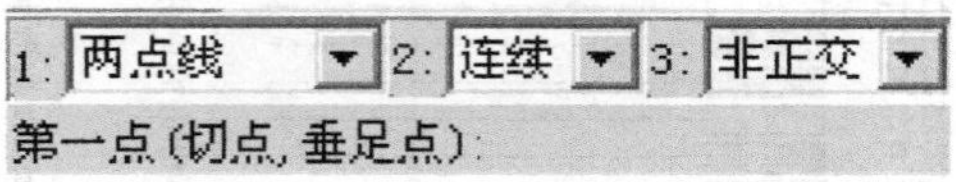

1: 两点线
2: 连续
3: 非正交
第一点(切点,垂足点):

图 9-10　设置画斜线

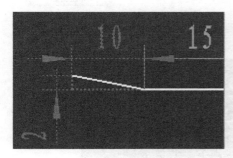

10
15
2

图 9-11　画斜线

3
10

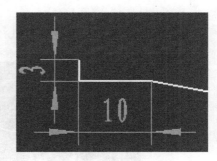

图 9-13　画直线

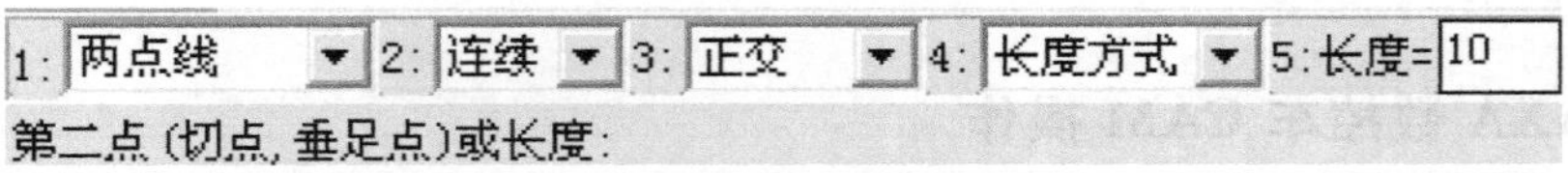

1: 两点线
2: 连续
3: 正交
4: 长度方式
5:长度=10
第二点(切点,垂足点)或长度:

图 9-12　设置画直线

15

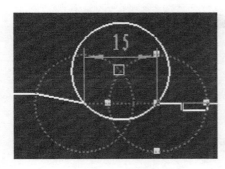

图 9-14　画凹圆弧

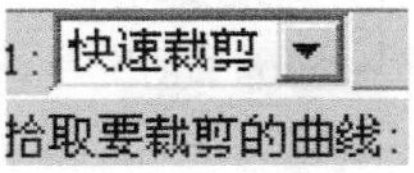

1: 快速裁剪
拾取要裁剪的曲线:

图 9-15　设置修剪曲线

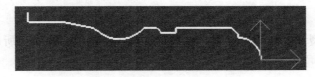

图 9-16　修剪图形

图 9-17　设置倒角

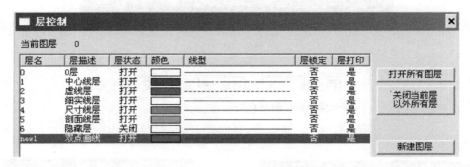

图 9-18　新建图层

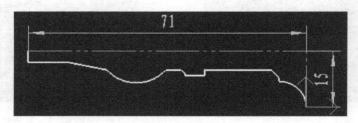

图 9-19　加工造型图

三、CAXA 数控车 CAM 操作

1. CAM 工具菜单（图 9-20）

图 9-20　CAXA 数控车工具菜单

2. 操作步骤

机床类型设置→后置设置→刀具库管理→刀具生成方法（轮廓粗车、轮廓精车、切槽、钻中心孔、车螺纹）。

1）进行机床类型设置和后置设置，机床名选取 GSK ，如图 9-21 所示。

2）刀具库管理。

建立表 9-2 所示刀具库。

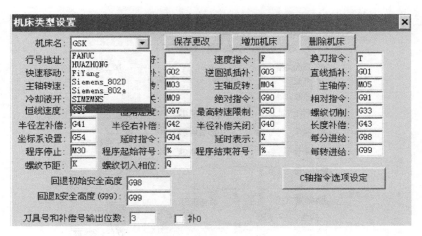

图 9-21 机床类型设置

表 9-2 刀具库

车刀名	轮廓车刀 lt0	切槽刀 gv0	螺纹车刀 sc0	轮廓车刀 t4
刀具参数	刀具名：lt0 刀具号：1 刀具补偿号：1 刀柄长度 L：40 刀柄宽度 W：15 刀角长度 N：10 刀尖半径 R：0.4 刀具前角 F：80 刀具后角 B：10	刀具名：gv0 刀具号：2 刀具补偿号：2 刀具长度 L：40 刀具宽度 W：2.5 刀刃宽度 N：3 刀尖半径 R：0.2 刀具引角 A：10 刀柄宽度W1：2.5 刀具位置L1：5	刀具种类： 米制螺纹 刀具名：sc0 刀具号：3 刀具补偿号：3 刀柄长度 L：40 刀柄宽度 W：15 刀刃长度 N：5 刀尖宽度 B：0.4 刀具角度 A：60	刀具名：t4 刀具号：4 刀具补偿号：4 刀柄长度 L：40 刀柄宽度 W：12 刀角长度 N：20 刀尖半径 R：0.4 刀具前角 F：80 刀具后角 B：55
特别注明	T01 90°外圆车刀	T02 刀宽3mm，右后刀尖	T03 60°外螺纹车刀	T04 尖刀，副偏角55°

3. 轮廓粗加工

1）构建粗加工外轮廓，补画部分线段，画毛坯外一点 A 作为加工起点，如图 9-22 所示。

2）设置粗车参数表，如图 9-23 和图 9-24 所示，选取轮廓车刀：lt0，进退刀方式默认设置。

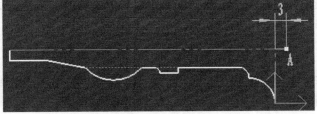

图 9-22 轮廓粗加工

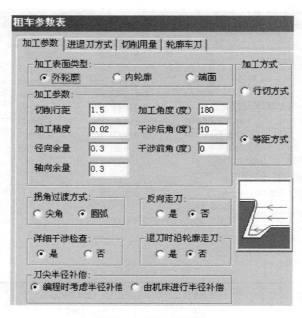

图 9-23　粗加工参数

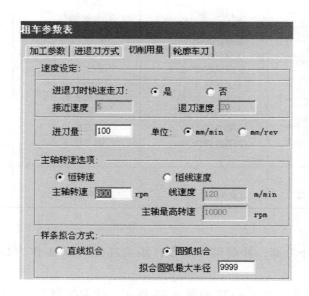

图 9-24　设置粗加工切削用量

3）选取加工轮廓，如图 9-25 所示，从右至左，逐段拾取，后单击鼠标右键确认。继续选取毛坯，逐段选择双点画线，如图 9-26 所示，同理选完后确认。再选取进退刀点 A 即可，效果如图 9-27 所示。

图 9-25　设置拾取加工轮廓

图 9-26　设置拾取毛坯轮廓

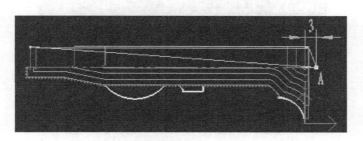

图 9-27　粗加工轮廓效果

　　4）切凹圆弧 R10mm：轮廓粗加工时，双击鼠标左键选取轮廓车刀：t4，进退刀方式默认设置。加工参数选项设置干涉后角：55，如图 9-28 所示。

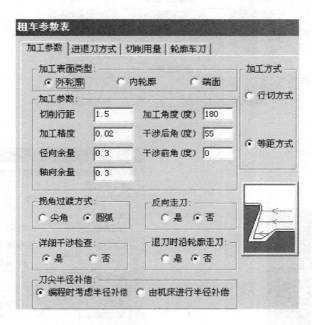

图 9-28　设置粗加工参数

　　选取圆弧 R10mm 为工件表面轮廓，长 15mm 线段（弦）为毛坯，毛坯外任一点为进退刀点。生成刀具轨迹，效果如图 9-29 所示。

4. 切槽加工

　　选取切槽：gv0（注：后刀尖对刀），切削用量默认设置，切槽加工参数设置如图 9-30 所示。逐段选取槽：5mm×1.5mm 线段，外边一点为进退刀点，效果如图 9-31 所示。

5. 轮廓精加工

　　双击鼠标左键选取轮廓车刀：t4，进退刀方式和切削用量默认设置，加工参数设置如图

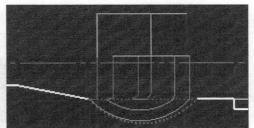

图 9-29　凹圆弧粗加工效果

9-32 所示。逐段选取工件表面外轮廓，A 为进退刀点，效果如图 9-33 所示。

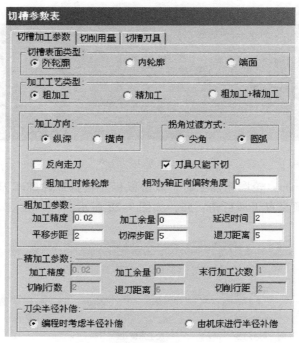

图 9-30　设置切槽加工参数

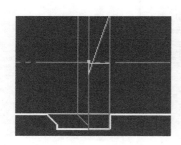

图 9-31　切槽加工效果

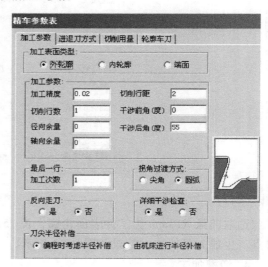

图 9-32　设置轮廓精加工参数

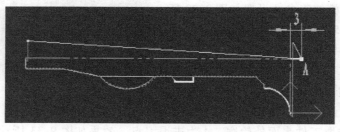

图 9-33　轮廓精加工效果

6. 车螺纹

螺纹固定循环加工参数表设置中，选取螺纹车刀：sc0，切削用量默认设置，修改螺纹加工参数，如图9-34所示。选取螺纹起点为B，终点为C，加工起点为A，确认后，效果如图9-35所示。

螺纹固定循环加工参数表

螺纹加工参数 | 用户自定义参数 | 切削用量 | 螺纹车刀

螺纹类型
○ 内螺纹
● 外螺纹

螺纹固定循环类型
○ 多头螺纹(G32)
● 复合螺纹循环(G76)

加工参数

螺纹起点坐标： X(Y): 10	Z(X): 0	
螺纹终点坐标： X(Y): 10	Z(X): -26	

螺距(L) 1.5	最小切削深度(dmin) 0.1	
头数(Q) 1	第一次切削深度(d) 0.8	
螺纹深度 0.975	倒角量/Z向退尾量 0	
粗加工次数 6	X向退尾量 0	
精加工余量 0	退刀距 10	
刀尖角度 60		

图9-34　设置螺纹加工参数

7. 切断工件

构建切断槽3mm×12mm，与切槽加工设置相同，最后效果如图9-36所示。

8. 仿真

单击"轨迹管理" 显示或隐藏刀具轨迹；单击"仿真" ，选取刀具轨迹，按图9-37所示"播放键" 即可观察刀具路径。

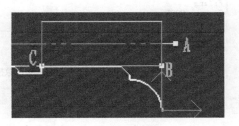

图9-35　螺纹加工效果

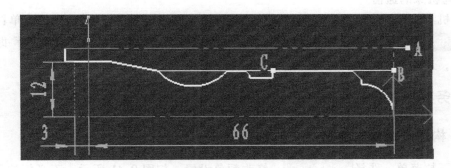

图9-36　切断加工效果

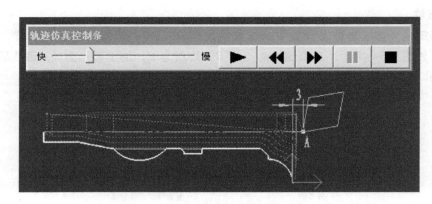

图 9-37　仿真效果

9. 输出 G 代码

单击"生成后置代码" <u>图</u> 设置，当前选择的数控系统为：GSK，如图 9-38 所示，然后选取刀具轨迹，确认后即可生成 G 代码（注：建议一个刀具路径生成一个程序文件）。

输出 G 代码，部分内容可作修改，如图 9-39 所示。

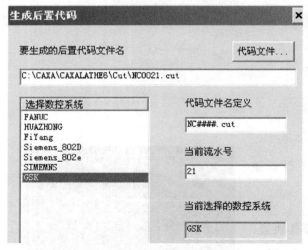

图 9-38　生成后置代码　　　　　　　　　　　　图 9-39　修改 G 代码

10. 与机床的通信

计算机与机床网络连接后（具体通信连接方法见机床说明书），单击下拉菜单："通信" （C）→ 广州数控980TD ，弹出图 9-40 所示窗口，选取传输文件名后，单击 连接机床 即可。

此外，还有其他传输软件，在此不一一介绍了。

【任务实施】

一、构建产品加工造型

单击下拉菜单，选择 选项(N)... ，修改颜色设置，如图 9-41 所示。不必标注尺寸，构

图 9-40　设置机床通信

造图 9-42 所示外轮廓（粗实线部分），最后保存文件。

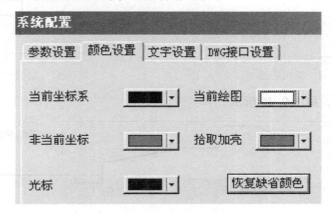

图 9-41　修改系统配置

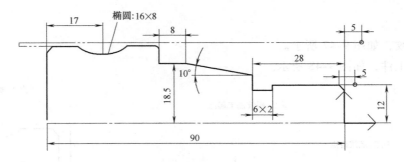

图 9-42　项目零件图加工造型

二、正确选择加工工艺方法和参数

1）粗加工轮廓 1，如图 9-43 所示。参数设置同理图 9-22、图 9-23。

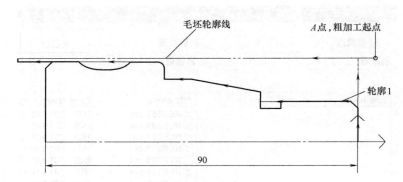

图 9-43　轮廓粗加工

2）粗加工轮廓 2（椭圆：16mm×8mm 部分），如图 9-44 所示。

3）切槽加工（6mm×2mm），如图 9-45 所示。

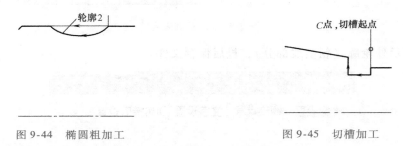

图 9-44　椭圆粗加工　　　　　　　　图 9-45　切槽加工

4）轮廓精加工，如图 9-46 所示。

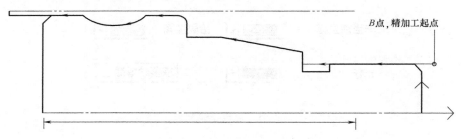

图 9-46　轮廓精加工

5）车螺纹，如图 9-47 所示。

6）切断工件，如图 9-48 所示。

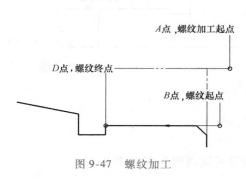

图 9-47　螺纹加工　　　　　　　　　　图 9-48　切断加工

7）输出 G 代码：建议每个刀具轨迹生成一个程序文件，参见前文所述。

【拓展训练】

用 CAM 软件自动编制图 9-49 ~ 图 9-54 所示工件的加工程序。

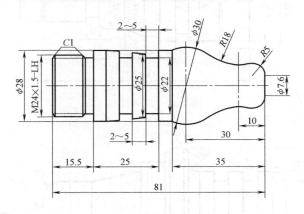

图 9-49　练习图一

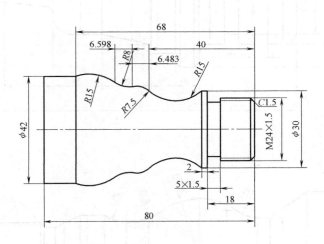

图 9-50　练习图二

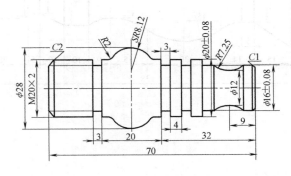

图 9-51　练习图三

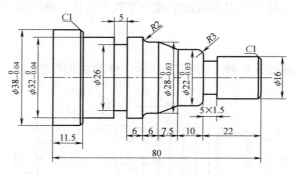

图 9-52　练习图四

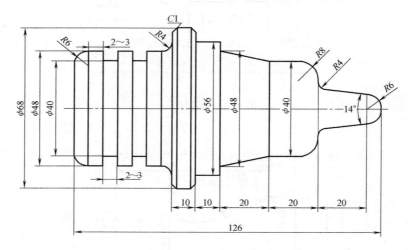

图 9-53　练习图五

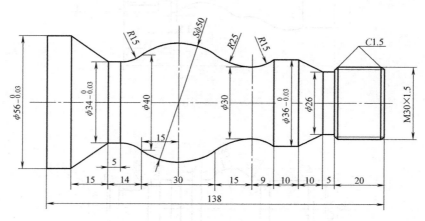

图 9-54　练习图六

附 录

附录 A　广州数控 GSK980TA2 系统 G 代码一览表

代码	组别	格　　式	说　　明
* G00		G00 X(U)＿ Z(W)＿	定位,快速移动,设定各轴速率参数
G01	01	G01 X(U)＿ Z(W)＿ F＿	直线插补
G02		G02 X(U)＿ Z(W)＿ R＿(I＿ K＿) F＿	顺时针方向圆弧插补,CW
G03		G03 X(U)＿ Z(W)＿ R＿(I＿ K＿) F＿	逆时针方向圆弧插补,CCW
G04	00	G04 P＿;或 G04 X＿;	暂停
G10	00	G10 P＿(参数号) Q＿(数值)	程序指定参数功能
G20	06	G20	寸制单位选择
* G21		G21	米制单位选择
G28	00	G28 X(U)＿ Z(W)＿	返回参考点,X、Z 指定中间点
G31	00	G31 X(U)＿ Z(W)＿ F＿	跳段功能
G32	01	G32 X(U)＿ Z(W)＿ F(I)	等螺距螺纹切削
G33	01	G33 Z(W)＿ F(I);G33 X(U)＿ F(I)	攻螺纹循环
G34	01	G34 X(U)＿ Z(W)＿ F(I) K＿	变螺距螺纹切削
* G40		G40	刀尖半径补偿取消
G41	07	G41	刀尖半径左补偿
G42		G42	刀尖半径右补偿
G50	00	G50 X(U)＿ Z(W)＿	设定坐标系
G51	00	G51 X(U)＿ Z(W)＿	局部坐标系功能
G65	00	G65 Hm P#I Q#J R#K	宏代码
G70		G70 P(ns) Q(nf)	精加工循环
G71	00	G71 U(ΔD) R(E) G71 P(NS) Q(NF) U(ΔU) W(ΔW) F(F) S(S) T(T)	外(内)圆粗车循环

(续)

代码	组别	格　式	说　明
G72	00	G72 W（ΔD）R（E） G72 P(NS) Q(NF) U(ΔU) W(ΔW) F(F) S (S) T(T)	端面粗车循环
G73		G73 U（ΔI）W（ΔK）R（D） G73 P(NS) Q(NF) U(ΔU) W(ΔW) F(F) S (S) T(T)	封闭切削循环
G74		G74 R(e) G74 X(U) Z(W) P(Δi) Q(Δk) R(Δd) F(f)	端面深孔加工循环
G75		G75 R(e) G75 X(U) Z(W) P(Δi) Q(Δk) R(Δd) F(f)	外（内）圆切削循环
G76		G76 P(m)（r）(a) Q(Δdmin) R(d) G76 X(U) Z(W) R(i) P(k) Q(Δd) F(L)	复合型螺纹切削循环
G90	01	G90 X(U)__ Z(W)__ R__ F __	外圆、内圆车削循环
G92		G92 X(U)__ Z(W)__ R__ F(I)__ J__ K __	螺纹切削循环
G94		G94 X(U)__ Z(W)__ R__ F __	端面车削循环
G96	02	G96 S	恒线速控制
*G97		G97 S	取消恒线速控制
*G98	03	G98	每分钟进给
G99		G99	每转进给

注：1. 带有 * 记号的 G 代码，当电源接通时，系统处于这个 G 代码的状态。G 代码的初态有 G00、G97、G98、G40、G21。

2. G 代码被分为 00、01、02、03、06、07 组。其中 00 组属于非模态代码，其余组的为模态代码。

3. 在同一个程序段中可以有几个不同组的 G 代码（00 组与 01 组不能共段），没有共同代码字的不同组 G 代码可以在同一程序段中，功能同时有效并且与先后顺序无关。

附录 B　广州数控 GSK980TA2 系统 M 代码一览表

代码	说　明
M03	主轴正转
M04	主轴反转
M05	主轴停止
M08	切削液开
M09	切削液关
M10	尾座前进
M11	尾座后退
M12	卡盘夹紧
M13	卡盘松开
M32	润滑开
M33	润滑关
M00	程序暂停，按"循环启动"按钮程序继续执行
M30	程序结束，程序返回开始
M41～M44	主轴自动换挡机能
M51～M70	用户自定义输出控制
M91～M94	用户自定义输入控制
M98	调用子程序
M99	子程序返回

附录 C　项目学习报告

日期：_____年_____月_____日

班级		姓名		学号		所在小组	
项目名称		学时		指导老师			

项目计划

数控车削加工工艺卡

工步号	工步内容	刀具号	刀具名称	切削用量			量具	备注
				主轴转速 /(r/mim)	进给速度 /(mm/mim)	背吃刀量 /mm		

编写加工程序

加工程序是否通过仿真验证：　□是　　　　　□否

教师意见	

项 目 评 价

工件质量	得分：_____ 超差原因分析：

学习过程评价	评价过程	自 评				小 组 评				教 师 评			
		优	良	及格	差	优	良	及格	差	优	良	及格	差
	准备知识												
	编制程序												
	操作机床												
	保养机床												
	团队合作												

综合评价	签名： 签名： 签名： □优 □良 □中 □及格 □差
教师综合评价	
个人心得体会	

注：1. 此表双面打印，每个项目学生一份。

2. 教学中学生先完成"项目计划"，教师给出指导意见后，方可进行任务实施。

3. 此表是过程评价学生的依据，也是课程期末总评成绩的重要依据。

附录 D　拓展训练参考程序

图 1-22 参考程序：（先夹工件右边，伸出 75mm，车工件左边，后掉头车右边）

O00001；

T0101；　　　　　　　　　　　　　　　　（偏刀）

G00 X100 Z100；

M03 S500；

G00 X60 Z2；

X58；

G01 Z-65 F80；

X60；

G00 Z2；

X54；

G01 Z-15 F80；

X56；

G00 Z2；

X50；

G01 Z-15 F80；

X52；

G00 Z2；

X48；

G01 Z-15 F80；

X50；

G00 Z2；

X44；

G01 Z0；

X48 Z-2；

G00 X100 Z100；

M30；

　　　　　　　　　　　　　　　　（掉头，伸出长 50mm）

O00002；

T0101；　　　　　　　　　　　　　　　　（偏刀）

G00 X100 Z100；

M03 S500；

G00 X60 Z2；

X56；

G01 Z-40 F80；

X60；

G00 Z2；

X52；

G01 Z-30；

X50；

G00 Z2；

X48；

G01 Z-20；

X50；

G00 Z2；

X46；

G01 Z-10；

X48；

G00 Z2；

X42；

G01 Z0；

X46 Z-2；

G00 X100 Z100；

M30；

图 2-19 参考程序：

O0001；

T0101；   （偏刀）

G00 X100 Z100；

M03 S500；

G00 X35 Z2；

G71 U1 R1；

G71 P10 Q20 U0.3 W0 F100；

N10 G00 X13；

G01 Z0 F50；

X15 Z-1；

Z-10；

X32 Z-28.23；

N20 Z-50；

M03 S800

G70 P10 Q20；

G00 X100 Z100；

T0202；   （切断刀，右刀尖对刀）

M03 S500；

G00 X34；

Z-45；

```
G01 X30 F50;
X32 W1;
W-1;
X2;
G00 X100;
Z100;
M30;
```

图 2-22 参考程序：

```
O0001;
T0101;                                           （偏刀）
G00 X100 Z100;
M03 S500;
G00 X35 Z2;
G71 U1 R1;
G71 P10 Q20 U0.3 W0 F100;
N10 G00 X0;
G01 Z0;
X24. Z-13;
Z-55;
X32 W-10;
N20 Z-75;
M03 S800;
G70 P10 Q20;
G00 X100 Z100;
T0202                           （切断刀，右刀尖对刀，刀宽3mm）
M03 S500;
G00 X26 Z-52;
G01 X20 F50;
X24;
W2;
X20;
G00 X34;
Z-70;
G01 X30 F50;
X32;
W1;
X30 W-1;
X2;
G00 X100;
```

Z100；

M30；

图 3-12 参考程序：

O0001；

T0101；   （偏刀）

G00 X100 Z100；

M03 S500；

G00 X40 Z2；

G71 U1 R1；

G71 P10 Q20 U0.3 W0 F100；

N10 G00 X0；

G01 Z0 F50；

G03 X20 Z-10. R10；

G01 Z-15；

X28 Z-25；

G03 X35 Z-28 R3；

N20 G01 Z-40；

M03 S800；

G70 P10 Q20；

G00 X100 Z100；

T0202；   （切断刀，右刀尖对刀）

M03 S500；

G00 X37 Z-35；

G01 X33 F50；

X35；

W1；

X33 W-1；

X2；

G00 X100；

Z100；

M30；

图 3-14 参考程序：

O0001；

T0101；   （偏刀）

G00 X100 Z100；

M03 S500；

G00 X35 Z2；

G71 U1 R1；

G71 P10 Q20 U0.3 W0 F100；

N10 G00 X0;

G01 Z0 F50;

G03 X20 Z-10 R10;

G01 Z-14;

G02 X32 Z-20 R6;

N20 G01 Z-40;

M03 S800;

G70 P10 Q20;

G00 X100 Z100;

T0202;   （切断刀，右刀尖对刀）

G00 X34 Z-35;

G01 X30 F50;

X32;

W1;

X30 W-1;

X2;

G00 X100;

Z100;

M30

图 3-16 参考程序:

O0001;

T0101;   （偏刀）

G00 X100 Z100;

M03 S500;

G00 X30 Z2;

G71 U1 R1;

G71 P10 Q20 U0.3 W0 F100;

N10 G00 X12;

G01 Z0 F50;

G03 X14.82 Z-8 R20;

G01 X18 Z-17;

Z-25;

G02 X21.43 Z-35 R30;

G01 X24;

N20 Z-40;

M03 S800;

G70 P10 Q20;

G00 X100 Z100;

T0202;   （切断刀，右刀尖对刀）

G00 X26 Z-40;

G01 X23 F50;

X24;

W0.5;

X23 W-0.5;

X2;

G00 X100;

Z100;

M30;

图 4-11 参考程序：

（工艺：先加工孔后加工外圆，预钻 $\phi16mm$ 孔）

O0001;

T0101;   （内孔刀）

G00 X100 Z100;

M03 S500;

G00 X16 Z2;

G71 U1 R1;

G71 P10 Q20 U-0.3 W0 F100;

N10 G00 X37;

G01 Z0 F50;

X36 Z-0.5;

Z-16;

X28;

X20 Z-32;

N20 Z-51;

G70 P10 Q20;

G00 X100 Z100;

T0202;   （偏刀）

G00 X50 Z2;

G90 X48.6 Z-55. F100;

M03 S800;

G01 X47 F50;

Z0;

X48 Z-0.5;

Z-55;

G00 X100 Z100;

T0303;   （切断刀，右刀尖对刀）

M03 S800;

G00 X50 Z-50;

G01 X47 F50;

X48;

W0.5;

X47 W-0.5;

X18;

G00 X100;

Z100;

M30;

图 4-12 参考程序:

（工艺：先加工孔后加工外圆，钻 φ20mm 孔）

O0001;

T0101;   （内孔刀）

G00 X100 Z100;

M03 S500;

G00 X20 Z2;

G71 U1 R1;

G71 P10 Q20 U-0.3 W0 F100;

N10 G00 X32;

G01 Z0 F50;

X30 Z-1;

Z-5;

X26;

X24 Z-6;

Z-20;

N20 X18;

G70 P10 Q20;

G00 X100 Z100;

T0202;   （偏刀）

G00 X45 Z2;

G71 U1. R1;

G71 P30 Q40 U0.3 W0 F100;

N30 G00 X38;

G01 Z0 F50;

X40 Z-1;

N40 Z-38;

M03 S800;

G70 P10 Q20;

G00 X100 Z100;

T0303;   （切断刀，右刀尖对刀）

G00 X42 Z-33；

G01 X38 F50；

X40；

W1；

X38 W-1；

X2；

G00 X100；

Z100；

M30；

图 4-13 参考程序：

（工艺：先加工孔后加工外圆，钻 ϕ12mm 孔）

O0001；

T0101；   （内孔刀）

G00 X100 Z100；

M03 S500；

G00 X12 Z2；

G71 U1 R1；

G71 P10 Q20 U-0.3 W0 F100；

N10 G00 X24；

G01 Z-5 F50；

X20；

Z-25；

X16；

N20 Z-66；

G70 P10 Q20；

G00 X100 Z100；

T0202；   （偏刀）

G00 X35 Z2；

G71 U1. R1；

G71 P30 Q40 U0.3 W0 F100；

N30 G00 X28；

G01 Z0 F50；

X30 Z-2；

N40 Z-70；

M03 S800；

G70 P30 Q40；

G00 X100 Z100；

T0303；   （切断刀，右刀尖对刀）

G00 X32 Z-65；

G01 X29;

X30;

W0. 5;

X29 W-0. 5;

X2;

G00 X100;

Z100;

M30;

图 5-10 参考程序:

O0001;   (轴件加工)

T0101;   (偏刀)

G00 X100 Z100;

M03 S500;

G00 X65 Z2;

G71 U2 R1;

G71 P10 Q20 U0. 3 W0 F100;

N10 G00 X32;

G01 Z0 F50;

X35. 8 W-2;

Z-33;

X50;

X60 Z-62;

N20 Z-80;

M03 S800;

G70 P10 Q20;

G00 X100 Z100;

T0202;   (切断刀，右刀尖对刀，刀宽3mm)

M03 S500;

G00 X50 Z-30;

G01 X33 F50;

X36;

W1;

X33;

G00 X100;

Z100;

T0303   (外螺纹车刀)

M03 S600;

G92 X35. Z-31. F2;

X34;

X33.4；

；

G00 X100 Z100；

T0202；

M03 S500；

G00 X62；

Z-75；

G01 X59 F50；

X60；

W0.5；

X59 W-0.5；

X2；

M30；

图 5-11 参考程序：

（钻 ϕ30mm 孔）

O0002；   （孔件加工）

T0101；   （内孔车刀）

G00 X100 Z100；

M03 S500；

G00 X30 Z2；

G71 U1 R1；

G71 P10 Q20 U-0.3 W0 F100；

N10 G00 X38；

G01 Z0 F50；

X33.8 Z-2；

Z-35；

N20 X28；

G70 P10 Q20；

G00 X100 Z100；

T0202；   （内槽车刀，右刀尖对刀，刀宽 3mm）

G00 X32；

Z-32；

G01 X39 F50；

X34；

Z-31；

X39；

G00 X30；

Z100；

X100；

T0404;　　　　　　　　　　　　　　　　　　（内螺纹车刀）
M03 S600;
X30 Z5;
G92 X33 Z-37 F2;
X34;
X35;
X36;
;
G00 X100 Z100;
T0101;　　　　　　　　　　　　　　　　　　（偏刀）
M03 S500;
G00 X55 Z2;
G90 X52. Z-60 F100;
G90 X50.6 Z-60;
M03 S800;
G01 X46 F50;
Z0;
X50 Z-2;
Z-60;
G00 X100 Z100;
T0404;　　　　　　　　　　　（切断刀，右刀尖对刀）
M03 S500;
G00 X52 Z-55;
G01 X4 F50;
X50;
W2;
X46 W-2;
X2;
G00 X100;
Z100;
M30;
图 5-12 参考程序：
（先加工工件右边，后夹 φ34mm 伸出长 24mm，加工左边）
O0001;
T0101;　　　　　　　　　　　　　　　　　　（偏刀）
G00 X100. Z100;
M03 S500;
G00 X35 Z2;
G71 U2 R1;

```
G71 P10 Q20 U0.3 W0 F100;
N10 G00 X20;
G01 Z0 F50;
X23.8 Z-2;
Z-30;
X32;
X34 Z-31;
N20 Z-46;
M03 S800;
G70 P10 Q20;
G00 X100 Z100;
T0303;                                    (螺纹车刀)
G00 X26 Z2;
G92 X23 Z-26.F1.5;
X22.5;
X22.05;
;
G00 X100 Z100;
M30;                                      (掉头)
O0002;
T0101;                                    (偏刀)
G00 X100 Z100;
M03 S500;
G00 X35 Z2;
G71 U2 R1;
G71 P10 Q20 U0.3 W0 F100;
N10 G00 X20;
G01 Z0 F50;
X23.8 Z-2;
Z-19;
X32;
N20 X34 Z-20;
M03 S800;
G70 P10 Q20;
G00 X100 Z100;
T0202;                        (切断刀,右刀尖对刀,刀宽3mm)
M03 S500;
G00 X26 Z-16;
G01 X20 F50;
```

X24；

W1；

X20；

G00 X100；

Z100；

T0303；   （螺纹车刀）

M03 S800；

G00 X26 Z2；

G92 X23 Z-17. F3；

X22；

X21. 5；

X21；

X20. 1；

；

G00 X100 Z100；

M30；

图 6-11 参考程序：

O0001；   （主程序）；

T0101；   （内孔车刀）；

G00 X100 Z100；

M03 S400；

X14 Z2；

G90 X16. 4 Z-52. F40；

X16 Z-52；

G01 X15 Z0；

X16 Z-1；

G00 Z100；

X100；

T0202；   （偏刀）

M03 S560；

X50 Z2；

G90 X49. 5 Z-55 F100；

M03 S800；

X48 Z-55 F80；

G00 X100. Z100；

T0303；   （切断刀，右刀尖对刀，刀宽3mm）

M03 S400；

X50；

Z-9；

M98 P040002；

G00 X100 Z100；

X50；

Z-51；

G01 X46 F40；

X48 W1；

W-1；

X25；

X16；

G00 X100；

Z100；

M30；

O0002；   （子程序）

G01 X38 F40；

X50；

G72 W2.5 R1；

G72 P10 Q20 U0.5 W0 F40；

N10 G00 W6；

G01 X48；

X38 W-5；

N20 W-1；

G00 X50；

W-12；

M99；

图6-12 参考程序：

O0001；   （主程序）

T0101；   （偏刀）

G00 X100. Z100；

M03 S500；

G00 X25. Z2；

G90 X22.6 Z-41. F100；

M03 S800；

G01 X21；

Z0；

X22. Z-0.5；

Z-45；

G00 X100；

Z100；

T0202；   （切断刀，右刀尖对刀，刀宽3mm）；

M03 S500；

G00 X24. Z2；

M98 P060002；

G00 Z-41；

G01 X21. F50；

X22；

W0. 5；

X21 W-0. 5；

X2；

G00 X100；

Z100；

M30；

O0002；   （子程序）

G00 W-6；

G01 X18 F50；

G00 X24；

M99；

图 7-12 参考程序：

（先加工工件右边至 50mm 长，后夹 φ30mm 伸出长 28mm 加工工件左边）

O0001；

T0101；   （偏刀）

G00 X100 Z100；

M03 S500；

G00 X35. Z2；

G71 U2 R1；

G71 P10 Q20 U0. 3 W0 F100；

N10 G00 X19；

G01 Z0 F50；

X20 Z-0. 5；

Z-5；

G03 X26. 21 Z-9. 55 R6；

X30 Z-25；

N20 Z-50；

M03 S800；

G70 P10 Q20；

G00 X100 Z100；

T0202；   （切断刀，右刀尖对刀，刀宽 3mm）

M03 S500；

G00 X32；

Z-31；

G01 X22 F50；

X32；

W-2；

X22；

G00 X32；

Z-42；

G01 X20 F50；

X32；

W-3；

X20；

X32；

W-2；

X24；

X20 W2；

G00 X100；

Z100；

M30；

（掉头）

O0002；

O0001；

T0101；   （偏刀）

G00 X100 Z100；

M03 S500；

G00 X35 Z2；

G71 U2 R1；

G71 P10 Q20 U0.3 W0 F100；

N10 G00 X20；

G01 Z0 F50；

X23.8 Z-2；

N20 Z-22；

M03 S800；

G00 X100 Z100；

T0303；   （螺纹车刀）

M03 S1000；

G00 X26 Z2；

G92 X23 Z-24 F1.5；

X22.05；

；

```
G00 X100 Z100；
M30；
图 7-14 参考程序：
O0001；
T0101；                                                  （偏刀）
G00 X100 Z100；
M03 S500；
X35 Z2；
G71 U2 R1；
G71 P10 Q20 U0. 3 W0 F100；
N10 G00 X8；
G01 Z0；
X10 Z-1；
Z-15；
X13；
X15 W-1；
W-19；
X20 W-11；
G03 X28 Z-55. 18 R12. 5；
N20 G01 Z-75；
G00 X100 Z100；
T0404；                           （切断刀，右刀尖对刀，刀宽3mm）
X18；
Z-12；
G01 X8 F40；
G00 X35；
Z-75；
G01 X24；
X35；
G72 W2. 5 R1；
G72 P30 Q40 U0. 5 W0 F40；
N30 G00 Z-55. 18；
G01 X28；
G03 X24 Z-62 R12. 5；
N40 G01 Z-75；
G00 X100；
Z100；
T0202；                                                  （尖刀）
M03 S800；
```

X20；

Z-25；

G73 U2 R0．003；

G73 P50 Q60 U0．3 W0 F80；

N50 G01 X15；

N60 G02 W-10 R7．5；

G00 X20 Z2；

X8；

G01 Z0 F60；

X9．8 Z-1；

Z-15；

X13；

X15 W-1；

Z-25；

G02 W-10 R7．5；

X20．Z-46；

G03 X24 Z-62 R12．5；

G01 Z-75；

G00 X100；

Z100；

T0303；   （螺纹车刀）

M03 S1000；

G00 X15 Z2；

G92 X9．3 Z-13．5 F1；

X8．9；

X8．7；

；

G00 X100 Z100；

T0404；   （切断刀，右刀尖对刀，刀宽3mm）；

M03 S500；

X35；

Z-70；

G01 X22 F40；

X24 W1；

W-1；

X15；

X20；

X2；

G00 X100；

Z100；

M30；

图 7-15 参考程序：

（先加工工件右端外圆及外螺纹，再掉头加工左端半圆球）

O00001；

T0101；   （偏刀）

G00 X100 Z100；

M03 S500；

X40 Z2；

G71 U1.5 R1；

G71 P10 Q20 U0.5 W0 F100；

N10 G00 X21；

G01 Z0 F50；

X23.8 Z-1.5；

Z-16；

X23.2 Z-20；

X26 W-16；

X28；

W-14；

X32；

W-18；

G03 X34 Z-73.75 R17；

N20 G01 Z-80；

M03 S800；

G70 P10 Q20；

G00 X100 Z100；

T0404；   （切断刀，右刀尖对刀，刀宽 3mm）

M03 S500；

X30；

Z-17；

G01 X20 F40；

X26；

W1；

X20；

X24 W1.5；

G00 X100；

Z100；

T0303   （螺纹车刀）

M03 S800；

X28 Z4；

G92 X23.2 Z-16 F1.5；

X22.8；

X22.4；

X22.05；

；

G00 X100 Z100；

M30；

O0002；

T0101；   （偏刀）

G00 X100 Z100；

M03 S500；

G00 X40 Z2；

G71 U2 R1；

G71 P10 Q20 U0.5 W0 F100；

N10 G00 X0；

Z0；

G03 X34 Z-17 R17；

N20 G01 W-2；

G00 X100 Z100；

T0202；   （尖刀）

M03 S800；

G00 X0 Z2；

G01 Z0 F50；

G03 X34 Z-22.74 R17；

G01 W-2；

G00 X100；

Z100；

M30；

参 考 文 献

[1]　王兵. 数控车床加工工艺与编程操作 [M]. 北京：机械工业出版社，2009.

[2]　龙卫平，吴必尊. 车工技能训练项目教程 [M]. 北京：机械工业出版社，2011.

[3]　刘端品. 数控铣床加工 [M]. 北京：机械工业出版社，2010.

[4]　中国就业培训技术指导中心. 数控车工（中级）[M]. 北京：中国劳动社会保障出版社，2008.

[5]　中国就业培训技术指导中心. 数控加工基础 [M]. 北京：中国劳动社会保障出版社，2008.

[6]　卓良福，黄新宇. 全国数控技能大赛经典加工案例集锦—数控车加工部分 [M]. 武汉：华中科技大学出版社，2010.

[7]　程豪华. 零件数控车削加工（中级）[M]. 北京：机械工业出版社，2013.